科學天地 87

World of Science

觀念化學 III

化學反應

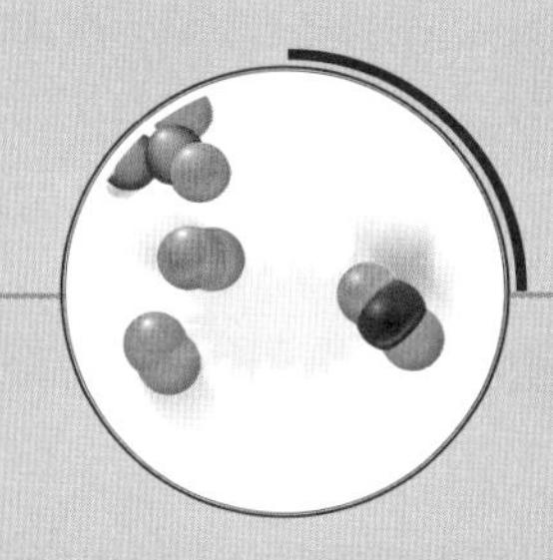

CONCEPTUAL CHEMISTRY

Understanding Our World of Atoms and Molecules

Second Edition

by John Suchocki, Ph. D.

蘇卡奇／著　蔡信行／譯

作者簡介

蘇卡奇（John Suchocki）

美國維吉尼亞州立邦聯大學（Virginia Commonwealth University）有機化學博士。他不僅是出色的化學教師，也是大名鼎鼎的《觀念物理》（*Conceptual Physics*）作者休伊特（Paul G. Hewitt）的外甥。

在取得博士學位並從事兩年的藥理學研究後，蘇卡奇前往夏威夷州立大學（University of Hawaii at Manoa）擔任客座教授，並且在那裡與休伊特一同鑽研大學教科書的寫作，從此對化學教育工作欲罷不能。

蘇卡奇最拿手的，就是帶領學生從生活中探索化學，他說：「當你好奇大地、天空和海洋是什麼構成的，你想的就是化學。」他總是想著要如何用最貼近生活的例子，給學生最清晰的觀念；他也相信，只要從基本觀念著手，化學會是最實際且一生受用不盡的科學。

目前，蘇卡奇與他的妻子、三個可愛的小孩，一同定居在佛蒙特州，並且在聖米迦勒學院（Saint Michael's College）擔任教職，繼續著他熱愛的教書、寫書，還有詞曲創作的生活。

譯者簡介

蔡信行

台灣大學化學工程學系畢業，美國卡內基美隆大學（Carnegie-Mellon University）化學博士。專長為高分子化學及物理、流變學、能源及石油化學，歷任中國石油公司煉製研究所研究組長、企劃處副處長、研究發展委員會執行祕書，現已自中油退休。

曾任東海大學及靜宜大學兼任副教授，現為國立台灣科技大學化工系兼任教授及國立成功大學石油策略研究中心兼任研究員。

著有《奈米科技導論》、《石油及石油化學工業概論》等，譯有《凝體 Everywhere》、《生物世界的數學遊戲》、《國民科學須知》、《現代化學 I》、《看漫畫，學化學》（天下文化出版）。

觀念化學 III 化學反應

第 9 章 化學反應如何進行

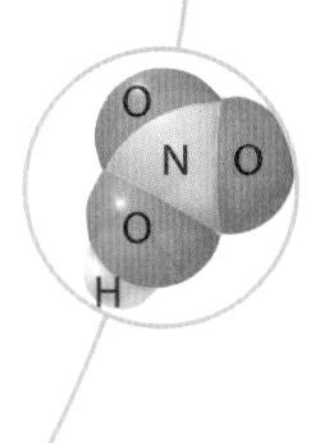

第 10 章　酸和鹼

第 11 章 氧化和還原

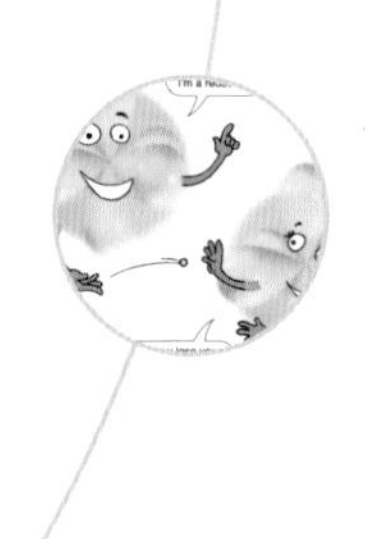

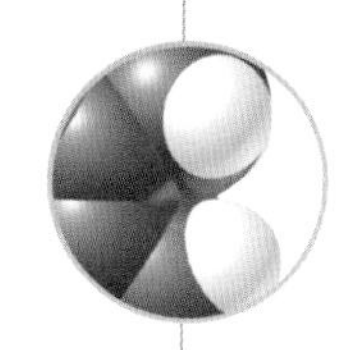

第12章 有機化合物

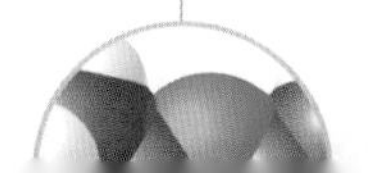

觀念化學 I　基本概念・原子

觀念化學 II　化學鍵・分子

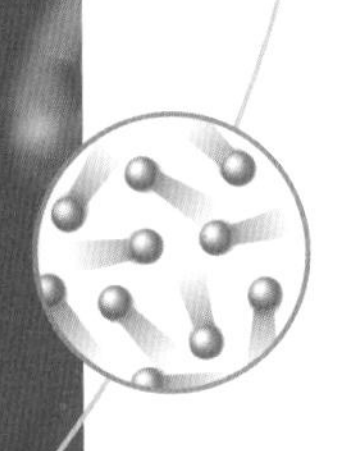

觀念化學IV　生活中的化學

觀念化學V　環境化學

09

化學反應如何進行

化學反應是化學這門科學的核心，
化學最迷人的地方就是物質的變化。
從前的鍊金術師因為不懂化學反應的真意，
才一再向不可能的反應挑戰，
讀了本章後，你會瞭解怎樣的反應可以進行，
反應又要如何控制，
一步步朝當個聰明的化學魔術師前進！

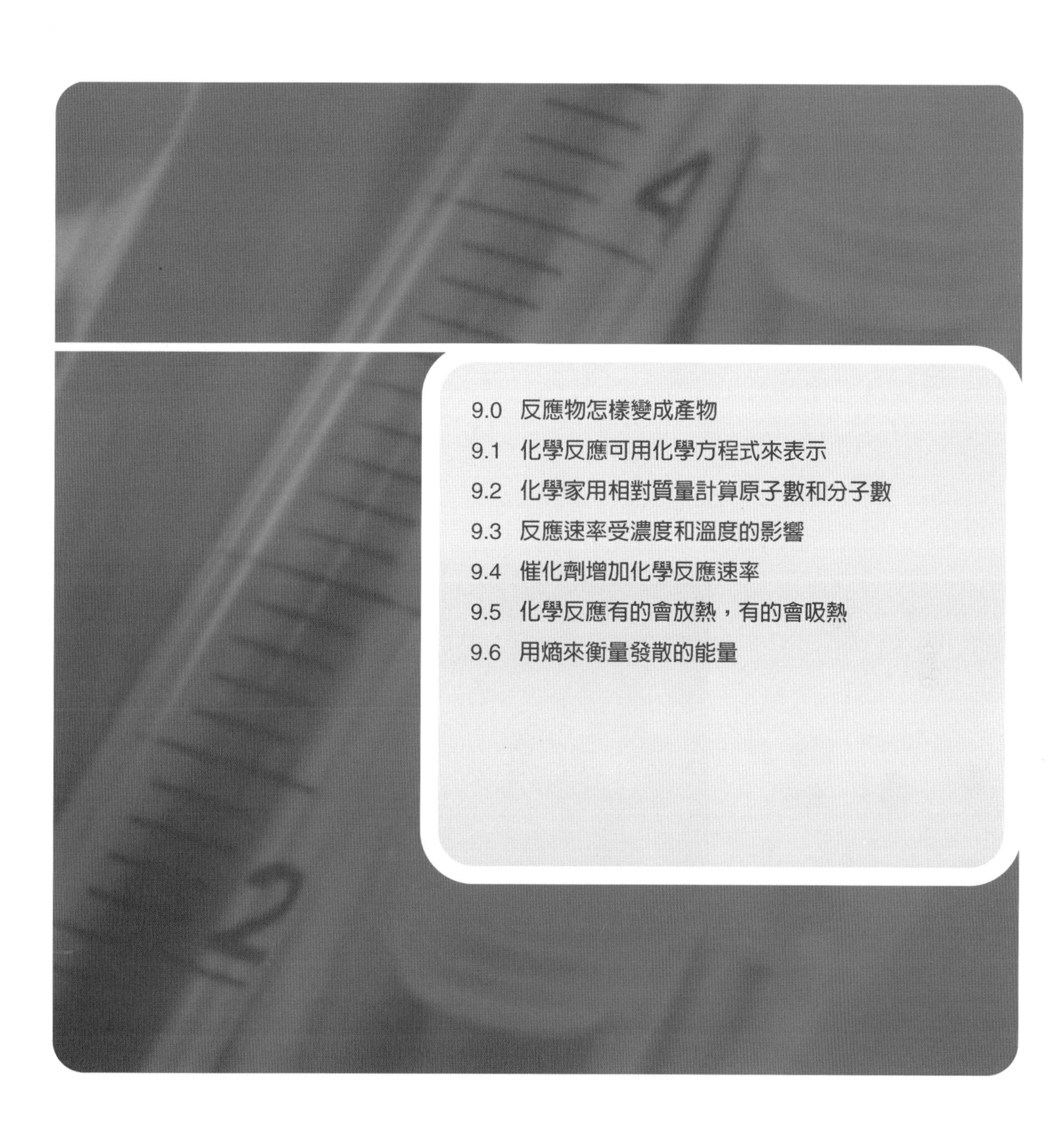

9.0　反應物怎樣變成產物

9.1　化學反應可用化學方程式來表示

9.2　化學家用相對質量計算原子數和分子數

9.3　反應速率受濃度和溫度的影響

9.4　催化劑增加化學反應速率

9.5　化學反應有的會放熱，有的會吸熱

9.6　用熵來衡量發散的能量

9.0 反應物怎樣變成產物

閃電產生的熱在大氣中可以引起許多化學反應，其中之一就是使氮和氧發生作用，形成一氧化氮（NO）。一氧化氮會再與空氣中的氧和水蒸氣反應，變成硝酸（HNO_3）和亞硝酸（HNO_2），下面的圖顯示出了這些作用。雨水把這些酸沖刷到地面上，變成了離子，植物吸收這些離子才得以成長，而植物的成長過程還包括了更多的化學反應。

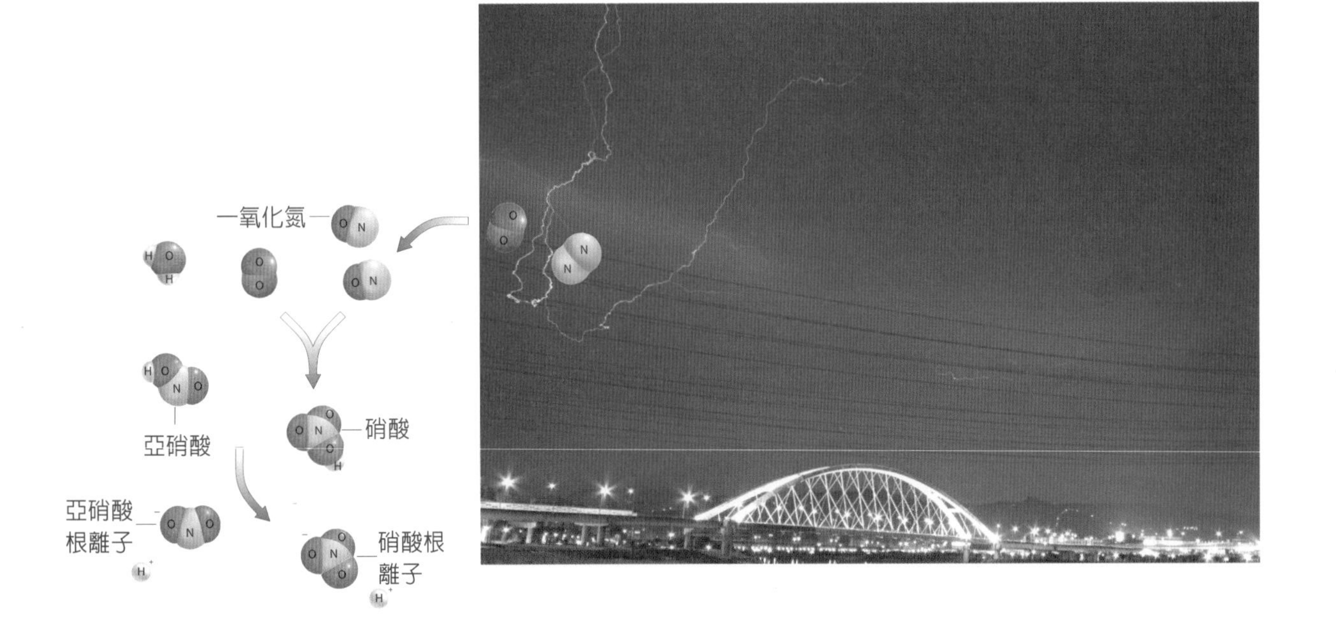

科學家知道如何利用化學反應來製造有用的物質，例如用空氣中的氮製造硝酸鹽和其他含氮肥料；由岩石中取得金屬；以石油製造塑膠和藥品。用化學反應可以製造上述這些材料和成千上萬的其他東西，化學反應產生的東西，大幅改善了我們的生活條件。化學反應也用了化石燃料，化石燃料在反應進行時會放出很多能量，我們把它稱爲燃燒。

本章的目的在告訴你，如何運用《觀念化學 I》第 2 章學到的化學反應基本概念，接下來的幾章，將進一步來看特別的化學反應，像是酸鹼反應、氧化還原反應，以及牽涉到有機化合物的反應。

9.1 化學反應可用化學方程式來表示

在化學反應中，因爲原子會重新排列，形成一種或多種新的化合物。這些化學反應，我們可以用**化學方程式**表現，參加反應的物質稱爲**反應物**，寫在箭頭的左方，箭頭的右邊是新形成的物質，稱爲**產物**，如：

反應物 → 產物

一般而言，反應物和產物都用原子式或分子式來表示，不過也可用分子結構式，甚至僅用名字表示，很多時候也把物相表現出來：(s) 代表固體、(ℓ) 代表液體、(g) 代表氣體，而化合物如果溶解在水中，就用 (aq) 代表水溶液。最後，把數字放在反應物或產物的前面，代表它們合併或產生的比例。這些數字稱爲**係數**，分別代表各原子或分子的數目。例如，代表煤炭（固態碳）在氧氣存在下燃燒形成氣態二氧化碳的化學反應，可以寫成下列的化學方程式：

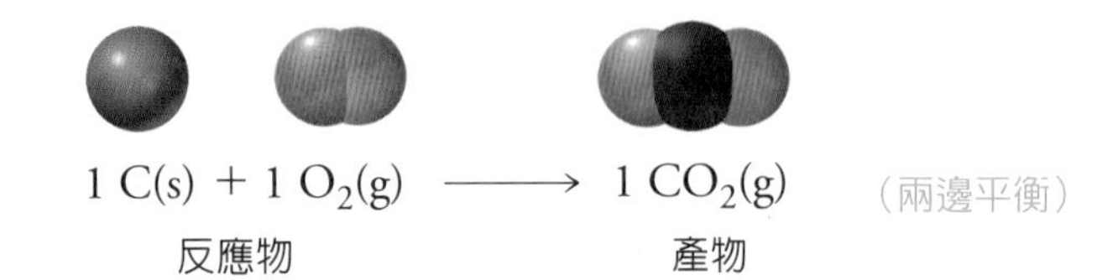

（兩邊平衡）

化學中有一個最重要的原理，就是「質量守恆定律」，這個定律敘述在化學反應中，物質不會給創造出來，也不會遭消滅（《觀念化學 I》第 3.2 節）。反應的起始原子，僅是重新排列成新的分子。在任何反應中，原子既不會消失，也不會給創造出來。因此化學方程式的兩邊一定是「平衡」的，在化學方程式中，同一種原子會出現在箭頭的兩邊。上面形成二氧化碳的方程式是左右兩邊平衡的，因爲兩邊都有一個碳原子，也都有兩個氧原子。你可以自己算算「空間填充模型」（space-filling model）中的原子數。

再來看另一個化學反應，兩個氫氣分子（H_2），與一個氧氣分子（O_2）反應，會生成兩個氣態的水分子（H_2O）：

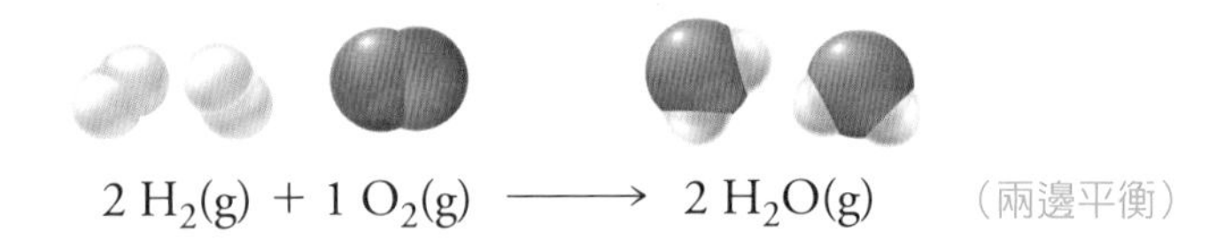

（兩邊平衡）

這個形成水的方程式也是兩邊平衡的，箭頭兩邊都有四個氫原子和兩個氧原子。

化學式前面的係數告訴我們，有多少個元素或化合物參與反應。例如，2 H_2O 就是說有兩個水分子參與反應，其中包含了四個氫原子和兩個氧原子。通常，係數如果是 1 的話，都會予以省略，所以上面的化學方程式就會寫成右頁這樣子：

$$C(s) + O_2(g) \longrightarrow CO_2(g)$$ （兩邊平衡）

$$2\,H_2(g) + O_2(g) \longrightarrow 2\,H_2O(g)$$ （兩邊平衡）

觀念檢驗站

Q

下面這個已平衡的方程式中有多少氧原子？

$$3\,O_2(g) \rightarrow 2\,O_3(g)$$

你答對了嗎？

A

答案是六個。在反應前，三個 O_2 分子有六個氧原子，反應後則有兩個 O_3 分子，也是六個氧原子。

下面的化學方程式是未平衡的，因為反應物和產物都沒有附上正確的係數，如：

$$NO(g) \longrightarrow N_2O(g) + NO_2(g)$$ （未平衡）

兩邊沒有平衡，是因為在箭頭左邊只有一個氮原子和一個氧原子，但在箭頭右邊則有三個氮原子和三個氧原子。

你可以把這個未平衡的方程式加以平衡，加入或改變係數來使它們有正確的比例（但要注意，**不要改變下標的數字**，因為這樣做會改變化合物的本質。H_2O 是水，但 H_2O_2 卻是過氧化氫！）。

例如，要平衡上面這個方程式，就在 NO 前面加上3：

$$3\,NO(g) \longrightarrow N_2O(g) + NO_2(g)$$ （兩邊平衡）

現在箭頭的兩邊都有三個氮原子和三個氧原子，所以沒有違反質量守恆定律。

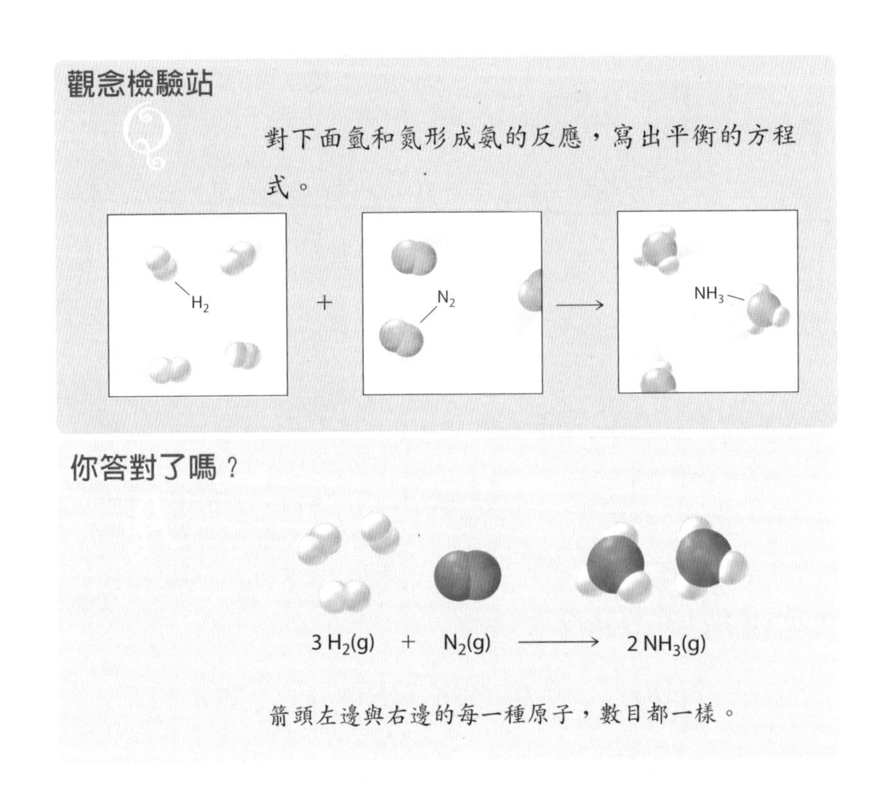

化學家發展了一種平衡方程式的技巧，運用這種技巧要用點腦筋，且像其他技巧一樣，會隨經驗而增長。要平衡方程式有許多有用的訣竅，也許你的老師會教你。更重要的是，要成爲平衡方程式的專家，必須知道爲什麼方程式要加以平衡，原因就是質量守恆定律指出：在化學反應當中，原子既不能被創造，也不能遭摧毀，它們只是重新排列組合而已。所以在反應前出現的每一個原子，在反應後也一定會出現，只是原子組合的型式不同而已。

9.2 化學家用相對質量計算原子數和分子數

在很多化學反應中，特定數目的反應原子或分子會形成特定數目的產物原子和分子。例如，當碳和氧合併形成二氧化碳時，它們結合的比例一定是一個碳原子對一個氧分子。化學家如果想在實驗室中讓一個氧分子與四個碳原子結合，只是浪費金錢和藥品罷了，因爲多出來的碳原子並不會與氧分子進行反應，還是保持原來的原子狀態不會改變。

如何度量原子或分子的數目呢？化學家不是一個個計數這些粒子，而是用某種尺標來量測總體質量。不同的原子和分子有不同的質量，也就是說，化學家要取得相同數目的碳原子和氧分子，若只量取相同質量的這兩種物質，得到的這兩種物質，數目並不會一樣。

1 公斤的乒乓球與 1 公斤的高爾夫球相比，乒乓球的數目多得多，如圖 9.1 所示。同樣的，不同的原子和分子，各自的質量不同，因此同樣是 1 公克的樣品，各自的數目並不一樣。碳原子比氧分子來得輕，所以同樣是 1 公克，碳原子的數目會比氧分子來得多。

如果我們知道不同物質的「相對質量」，就有辦法得到相同數目的這些物質。例如，高爾夫球的質量是乒乓球的 20 倍，也就是說高爾夫球對乒乓球的相對質量是 20 比 1。秤出質量 20 倍於乒乓球的高爾夫球，就可以得到相同數目的這兩種球。如次頁圖 9.2 所示。

兩者質量相等

圖 9.1
質量相等的乒乓球與高爾夫球，數目並不相同。

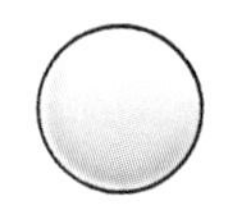

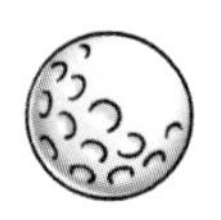

乒乓球的質量是 2 公克　　高爾夫球的質量是40公克

乒乓球的質量是高爾夫球的 1/20

乒乓球的球數 ＝ 高爾夫球的球數

圖 9.2
200 公克的高爾夫球與 10 公克的乒乓球，在球數上會是一樣的。

觀念檢驗站

Q

有一位顧客想購買軟糖，藍色跟紅色的個數比要是 1:1。每一個藍色軟糖的質量都是紅色軟糖的兩倍。

如果店員秤 5 磅的紅色軟糖，那麼藍色軟糖要秤多少磅？

你答對了嗎？

因爲每一個藍色軟糖的質量都是紅色軟糖的兩倍，如要使兩者的數目一樣，藍色軟糖必須是紅色軟糖的兩倍，也就是10磅。如果店員不知道藍色軟糖質量是紅色軟糖的兩倍，他就不知道如何使這兩者的數目成爲 1:1。同理，化學家如果不知道反應物間的相對質量，也就沒辦法把化學反應式寫出來。

元素週期表告訴我們碳、氧的相對質量；因此我們可以量測出同樣數目的碳原子和氧分子。次頁的圖 9.3 就顯示出這種概念。碳的原子量是 12.011 amu（《觀念化學 I》的第 3.6 節中曾介紹，1 amu $=$ 1.661 $\times 10^{-24}$ 公克）。物質的**式量**是化學式中各元素的原子量總和。因此，一個分子的氧（O_2），式量爲 15.999 amu ＋ 15.999 amu ≈ 32 amu。

$$
\begin{array}{r}
\text{O 的原子量} = 15.999\ \text{amu} \\
+\text{O 的原子量} = 15.999\ \text{amu} \\
\hline
O_2\ \text{的式量} \approx 32\ \text{amu}
\end{array}
$$

一個碳原子大約是一個氧分子重的 12/32 = 3/8。所以要量測出相同數目的碳原子和氧分子，我們只要碳原子的質量是氧分子的八分之三就行了。如果在開始時，我們有 8 公克的氧，那麼只要有 3 公克的碳原子，這兩種粒子的數目就會相同（因爲 8 的 3/8 就是 3）。換一種說法，如果我們有 32 公克的氧分子，就要有 12 公克的碳原子，這樣兩種粒子的數目就會一樣了（因爲 32 的 3/8 就是12）。

圖 9.3
要有相同數目的碳原子和氧分子，碳的重量要為氧的八分之三。

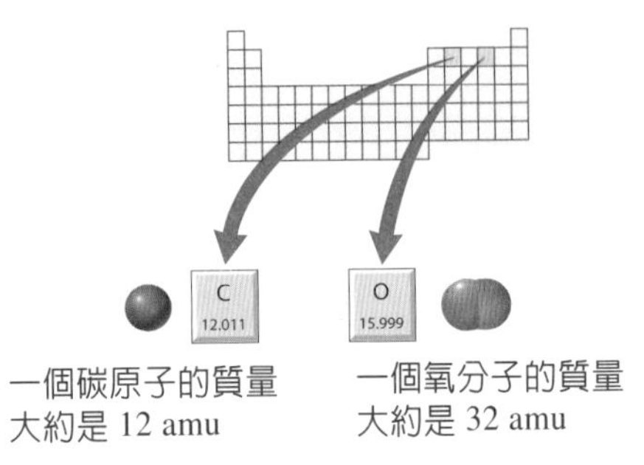

一個碳原子的重量是氧分子重的 12/32，也就是 3/8。

碳原子的數目 ＝氧分子的數目

3.00 g

8.00 g

觀念檢驗站

1. 3 公克的碳原子（C）與 8 公克的氧分子（O_2）反應，會產生 11 公克的二氧化碳（CO_2）。同樣的道理，1.5 公克的碳原子與 4 公克的氧分子反應，是不是會產生 5.5 公克的二氧化碳？
2. 5 公克的碳原子與 8 公克的氧分子反應，是不是也會產生 11 公克的二氧化碳？

你答對了嗎？

1. 是的。雖然用量不同，但比例都爲
   1.5：4：5.5＝3：8：11
2. 很多學生常會犯同樣的錯誤，以爲反應物之間的比例如果不對，就不會發生反應。不過，你們應該知道，5公克的碳，其中有3公克會參與反應。這3公克會和8公克的氧，產生11公克的二氧化碳。最後，還剩2公克的碳沒有反應。這2公克的碳需要更多的氧才能反應完。

利用週期表換算公克和莫耳數

原子和分子會以特定的比例進行反應。不過，在實驗室裡，化學家都以大量的物質來操作，測量的是質量。化學家需要知道樣品間的質量關係，以及樣品內包含的原子或分子的數目。這種關係的關鍵是莫耳。各位可以參考《觀念化學 II》的第 7.2 節重新溫習一下：莫耳是一種單位，等於 6.02×10^{23}。6.02×10^{23} 這個數也稱爲**亞佛加厥數**，這是爲了紀念化學家亞佛加厥（參見《觀念化學 I》第 3.3 節）。

如次頁圖 9.4 所描述，如果元素的質量恰好爲原子量，就含有 6.02×10^{23} 個原子，也就是 1 莫耳。譬如，22.990 公克的鈉金屬（Na，原子量＝22.990 amu），就含有 6.02×10^{23} 個鈉原子，而 207.2 公克的鉛（Pb，原子量＝207.2 amu）也含有 6.02×10^{23} 個鉛原子。

這種觀念也可以應用到化合物上，化合物的式量如果也用公克

圖 9.4
圖中的元素，原子量用公克表示，這麼多公克數的該元素，含有 6.02×10^{23} 個原子。

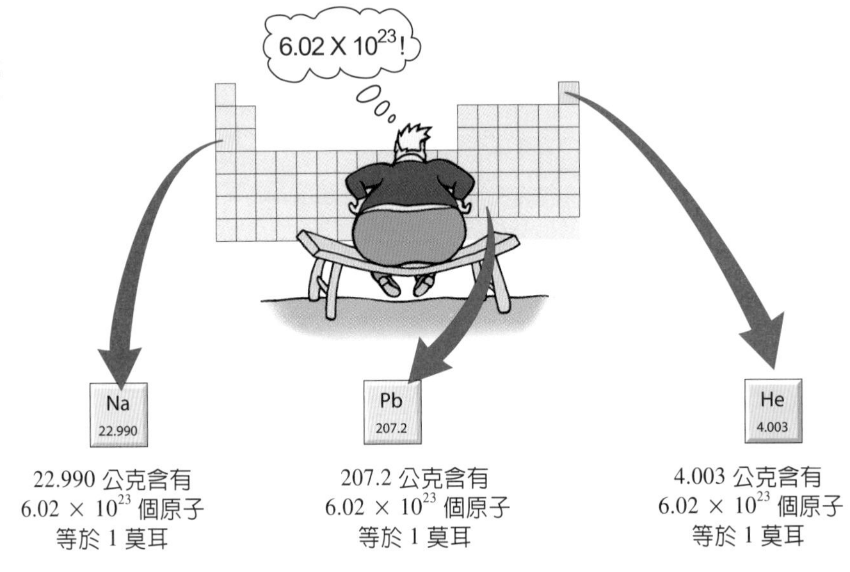

來表示，那麼該化合物的公克數達到了式量，也會含有 6.02×10^{23} 個分子。例如 31.998 公克的氧分子（O_2，式量爲 31.998 amu）也有 6.02×10^{23} 個氧分子，44.009 公克的 CO_2 分子（式量爲 44.009 amu）也含有 6.02×10^{23} 個 CO_2 分子。這種奇妙的關係該如何解釋，已超出本書的解釋，不過你可以請教你的化學老師。

觀念檢驗站

1. 6.941 公克的鋰（Li，原子量爲 6.941 amu）中有多少個原子？
2. 18.015 公克的水（H_2O，式量爲 18.015 amu）有多少個分子？

你答對了嗎？

1. 鋰的公克數等於它的原子量，所以樣品中有 6.02×10^{23} 個原子，也就是 1 莫耳的鋰原子。
2. 因爲水的公克數等於它的式量，所以樣品中也是有 6.02×10^{23} 個分子，也就是 1 莫耳的水分子。

不管是元素還是化合物，任何物質的**莫耳質量**，都定義爲該物質 1 莫耳的質量。所以莫耳質量就是該物質爲 1 莫耳時的公克數。例如，碳的原子量是 12.011 amu，也就是 1 莫耳的碳，質量是 12.011 公克，我們就說碳的莫耳質量爲 12.011 公克。另外，氧分子（O_2，式量是 31.998 amu）的莫耳質量爲 31.998 公克。爲方便起見，這些數値通常會四捨五入，使其近於整數。所以碳的莫耳質量爲每莫耳 12 公克，氧分子爲每莫耳 32 公克。

觀念檢驗站

水的莫耳質量是多少（式量爲 18 amu）？

你答對了嗎？

從式量來看，你知道 1 莫耳的水是 18 公克，所以水的莫耳質量是每莫耳 18 公克。

因爲 1 莫耳的任何物質，一定含有 6.02×10^{23} 個粒子，所以在化學反應中，莫耳是很理想的單位。例如，1 莫耳的碳（12 公克）和 1 莫耳的氧（32 公克）作用，會產生 1 莫耳的二氧化碳（44 公克）。

在很多情形下，化學物質反應的比例並不是 1：1。就像圖9.5顯示的，2 莫耳（4 公克）的氫分子和 1 莫耳（32 公克）的氧分子反應形成 2 莫耳（36 公克）的水。請注意如何用係數來使化學方程式達到平衡，並以係數來推導反應物和產物的莫耳數。化學家只要把莫耳數轉換成公克數，就知道每一種反應物要用多少質量了。

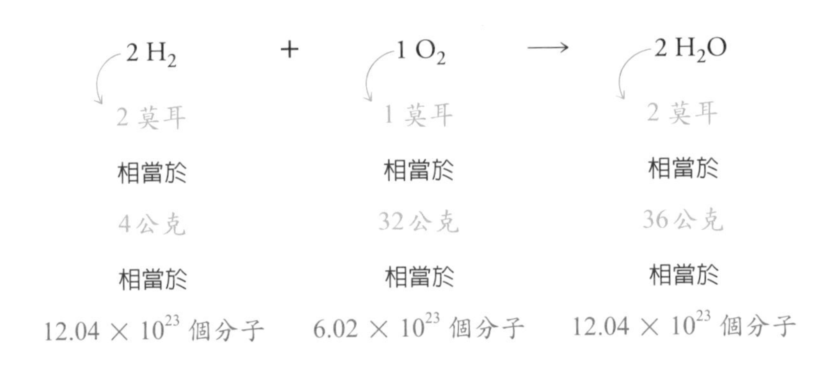

圖9.5
2 莫耳的 H_2 和 1 莫耳的 O_2 反應，形成 2 莫耳的 H_2O；相當於用 4 公克的 H_2 和 32 公克 O_2 反應，形成 36 公克的 H_2O；也相當於 12.04×10^{23} 個 H_2 分子和 6.02×10^{23} 個 O_2 分子反應，形成 12.04×10^{23} 個 H_2O 分子。

烹飪和化學很相似，都要稱取所需材料。廚師看食譜以瞭解要用多少杯或湯匙的量，而化學家則要查週期表，看看元素或化合物，每莫耳有多少公克才能決定取多少量。

9.3 反應速率受濃度和溫度的影響

從已平衡的化學方程式，我們可以知道有某個定量的反應物，會有多少量的產物會形成。不過，方程式並沒有告訴我們反應中更細微的情況，在本節及下一節中，我們探討反應速率，包括速率如何用濃度或溫度的變化，或加入所謂「催化劑」（觸媒）來改變。

有些化學反應發生得很慢，像是鐵生銹，而有一些化學反應，像是汽油的燃燒，卻進行得很快。反應的速度就用反應速率表示，是由反應物轉變成產物的快慢指標。如同圖 9.6 所示，剛開始時，燒瓶中只含有反應物分子，過一段時間，反應物會形成產物，於是產

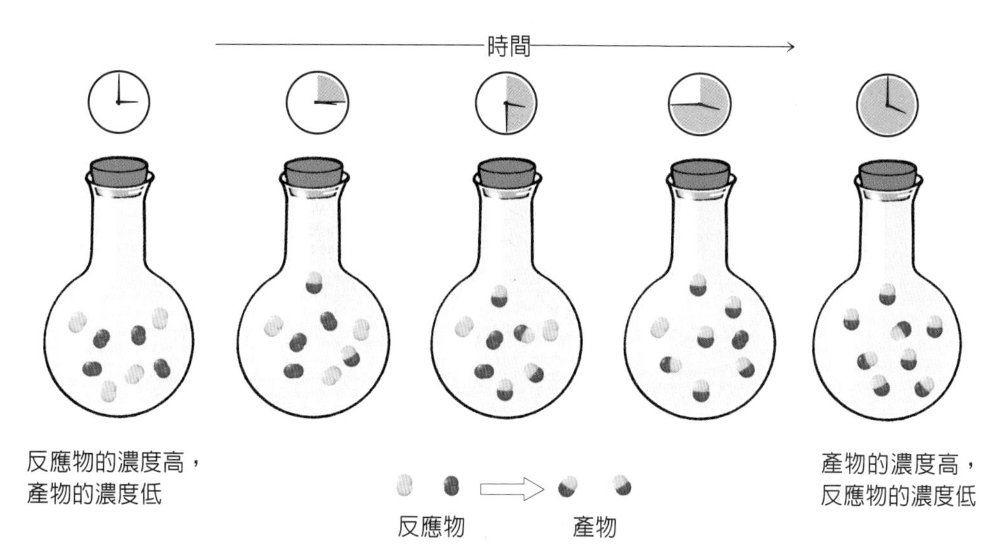

圖 9.6
過了一段時間後，燒瓶中的反應物也許會變成產物。這種情形發生得快時，反應速率就高；發生得慢，反應速率就慢。

物分子的濃度會增加。因此，**反應速率**的定義就是產物的濃度增加得多快，或反應物濃度減少得多快。

由什麼來決定化學反應的速率？答案頗爲複雜，但有一項重要的因素是，進行反應的分子必須要有實質的接觸。因爲分子移動得很快，這種接觸可以稱爲碰撞。我們用圖來顯示分子之間碰撞的關係，如圖 9.7 表示的是氮氣和氧氣形成一氧化氮的反應。

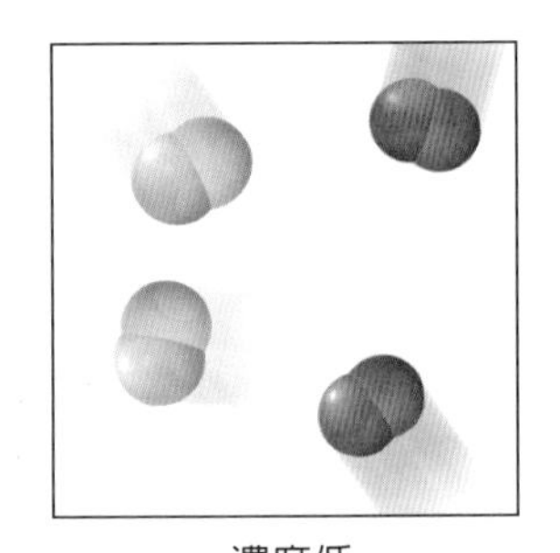

濃度低

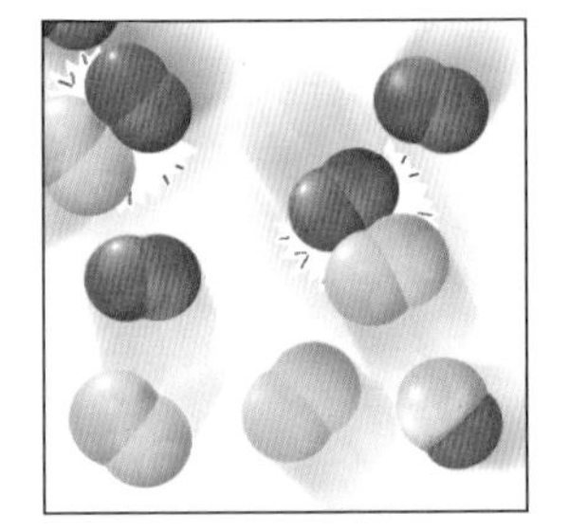

濃度高

圖 9.8
氮和氧的濃度愈高，N_2 和 O_2 分子就愈可能相碰撞，形成一氧化氮。

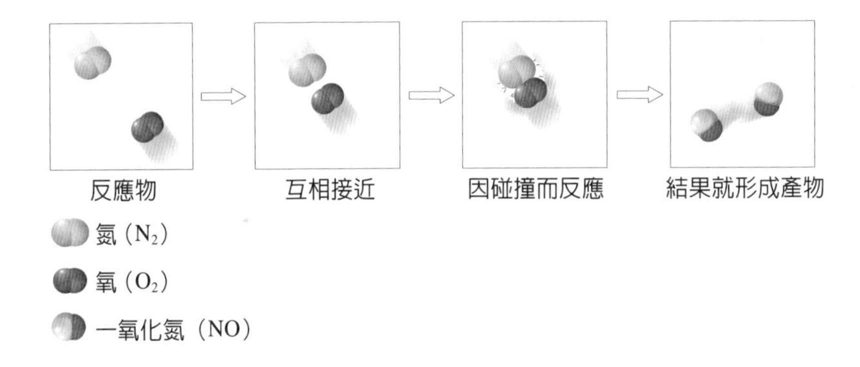

圖 9.7
在反應過程中，反應物分子會互相碰撞。

因爲反應物分子必須要相碰撞，才能發生反應，所以增加碰撞次數就可以使反應速率增加。有效增加碰撞次數的方法，是增加反應物的濃度。圖 9.8 顯示，濃度愈高，表示單位體積內有更多的分子，分子間的碰撞機會就更多。就好像有一群人在舞廳跳舞，如果人數愈多，互相碰撞的次數就增加。因此，增加氮分子和氧分子的濃度，就會使這些反應分子間的碰撞次數增加，於是在一定時間內，產生的一氧化氮分子數目會更多。

化學計算題：計算反應物和產物的質量

利用換算因子（《觀念化學 I》第1.3節）以及公克與莫耳數之間的關係，你可以做有效的計算。

例題：

當16公克的甲烷（CH_4，式量為16 amu）進行燃燒後，會產生多少質量的水？

$$CH_4 + 2\,O_2 \rightarrow CO_2 + 2\,H_2O$$

第1步，把質量換算成莫耳數：

$$(16\text{ 公克 } CH_4)\underbrace{\left(\frac{1\text{ 莫耳 } CH_4}{16\text{ 公克 } CH_4}\right)}_{\text{換算因子}} = 1\text{ 莫耳 } CH_4$$

第2步，利用平衡方程式的係數，由這麼多莫耳的 CH_4，找出有多少莫耳的水生成：

$$(1\text{ 莫耳 } CH_4)\underbrace{\left(\frac{2\text{ 莫耳 } H_2O}{1\text{ 莫耳 } CH_4}\right)}_{\text{換算因子}} = 2\text{ 莫耳 } H_2O$$

第3步，現在你已知道有多少莫耳的水生成，把這些值換算成水的公克數：

換算因子

$$(2\ \text{莫耳}\ H_2O)\left(\frac{18\ \text{公克}\ H_2O}{1\ \text{莫耳}\ H_2O}\right)=36\ \text{公克}\ H_2O$$

這種方法是把公克數換算成莫耳（第一步），然後由莫耳數到莫耳數（第二步），再由莫耳數到公克數（第三步）。這是很重要的程序，稱爲「計量化學」（stoichiometry），這是化學反應中，計算反應物量和產物量的科學。以後，你會學得更多，現在你只需要熟悉什麼是計量化學，計量化學就是在原子和分子反應成產物時，進行核算。總之，你可以用下列的問題來試試你的分析、思考功力。首先，根據你所知道的質量守恆定律，試著導出答案，然後按照這裡所給的步驟，驗算你的答案。

■ 請你試試：

1. 在下面的反應中，64 公克的氧（O_2，32 amu）可產生多少公克臭氧（O_3，48 amu）？

$$3\ O_2 \rightarrow 2\ O_3$$

2. 若有28 公克的氮（N_2，28 amu）和 32 公克的氧（O_2，32 amu）進行下列反應，可以產生多少一氧化氮 （NO，30 amu）？

$$N_2 + O_2 \rightarrow 2\ NO$$

■ 來對答案：

1. 根據質量守恆定律，產物的總質量和必須等於反應物的質量和。這個反應僅有一個反應物與一個產物，所以你自然知道 64 公克的反應物會產生 64 公克的產物：

第 1 步：把 O_2 的公克數轉換成 O_2 的莫耳數：

$$(64\text{ 公克 }O_2)\left(\frac{1\text{ 莫耳 }O_2}{32\text{ 公克 }O_2}\right)=2\text{ 莫耳 }O_2$$

第2步：把 O_2 的莫耳數轉換成 O_3 的莫耳數：

$$(2\text{ 莫耳 }O_2)\left(\frac{2\text{ 莫耳 }O_3}{3\text{ 莫耳 }O_2}\right)=1.33\text{ 莫耳 }O_3$$

第3步：把 O_3 的莫耳數轉換成 O_3 的公克數：

$$(1.33\text{ 莫耳 }O_3)\left(\frac{48\text{ 公克 }O_3}{1\text{ 莫耳 }O_3}\right)=64\text{ 公克 }O_3$$

2. 這個問題有幾種解答。其中一種是 28 公克的氮（N_2）等於 1 莫耳，32 公克的氧（O_2）也是 1 莫耳，根據平衡方程式，1 莫耳的氮和 1 莫耳的氧，會合成 2莫 耳的一氧化氮（NO）。2 莫耳的 NO，質量是：

$$(2\text{ 莫耳 NO})\left(\frac{30\text{ 公克 NO}}{1\text{ 莫耳 NO}}\right)=60\text{ 公克 NO}$$

因爲反應物的質量和必須遵守質量守恆定律，所以答案要這樣計算。

不過，反應物分子間的碰撞，並不是都會產生產物，因爲分子必須要以某一種位向碰撞才會反應。例如，氮和氧要形成一氧化氮的可能位向，是互相平行的，如圖 9.7 所示。如果以次頁圖 9.9 的垂直方向碰撞，就不會形成一氧化氮。大一點的分子上有很多位向，反應時對所需位向的限制更嚴。

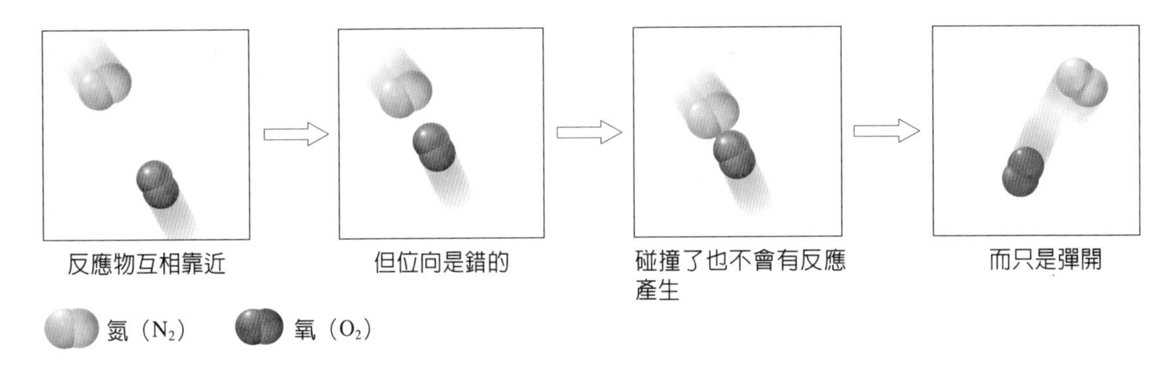

圖 9.9
碰撞時，反應分子的位向決定了反應是否發生。N_2 和 O_2 之間的垂直碰撞，就不易產生產物。

不是所有的碰撞都會產生產物的第二個原因，是反應物分子間的碰撞，必須有足夠的動能來打斷它們的鍵結，接著才能使反應物分子裡的原子，改換鍵結的伙伴，形成產物分子。例如，N_2 和 O_2 的分子內鍵結非常強，爲了打斷這些鍵結，分子間的碰撞必須要有足夠的能量才行。結果就是，慢速移動的 N_2 和 O_2 分子的碰撞，即使位向對了，也不會形成 NO，如圖 9.10 所示。

溫度愈高，分子就移動得愈快，碰撞就愈有力。因此， 溫度提高，能增加反應速率。例如，組成我們大氣的氮分子和氧分子，總是互相碰撞，然而在常溫下，這些分子通常並沒有足夠的動能來形成一氧化氮。不過，閃電的熱會急遽增加這些分子的動能，所以閃電的附近，會形成大量的一氧化氮。我們在這一章的開頭曾說，這樣形成的一氧化氮，接著會進一步形成其他的化學物，如植物生存所需的硝酸鹽等，這稱爲「固氮作用」（nitrogen fixation），我們將在《觀念化學 IV》第 15 章進一步討論。

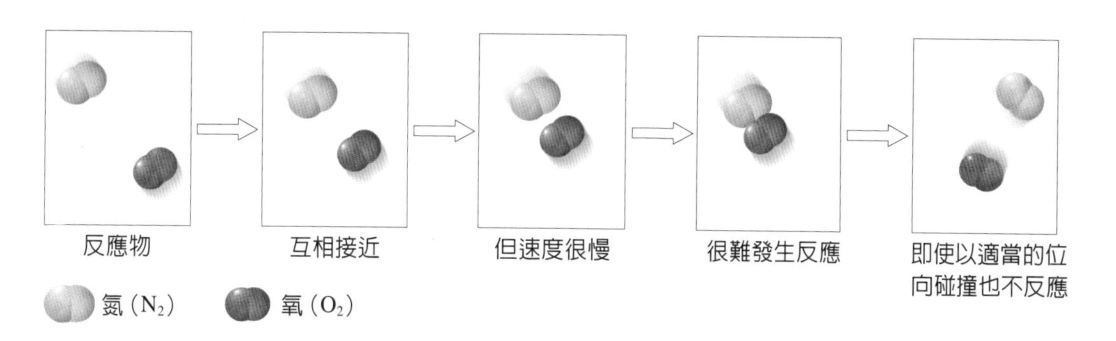

圖 9.10
慢速移動的分子也許會碰撞，但它們沒有足夠的力量來打斷鍵結。在這種情形下，它們就不能反應成產物。

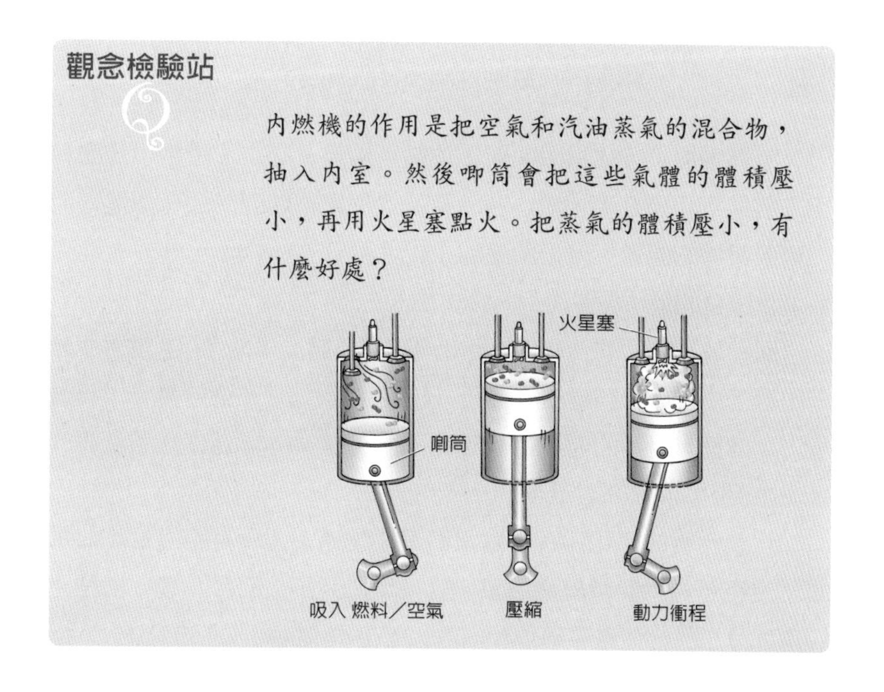

你答對了嗎？

把蒸氣的體積壓小，會有效的增加濃度，也就是分子間碰撞的次數會增加。換句話說，就可促成化學反應。

要使鍵結斷裂的能量也可以來自吸收電磁輻射。當反應物吸收輻射能後，分子內的原子會開始振動，速度會快得使原子間的鍵結容易斷裂。在許多情形下，直接吸收的電磁輻射能量就是用來打斷化學鍵結，使化學反應開始進行。例如，在《觀念化學 V》第 17 章中，我們會討論到常見的大氣汙染物二氧化氮（NO_2），二氧化氮只要暴露在陽光下，就會轉變成一氧化氮和氧原子：

$$NO_2 + \text{陽光} \longrightarrow NO + O$$

不管碰撞、吸收電磁輻射，或甚至兩樣一起來，產生了什麼結果，要進行化學反應，第一步一定是要使鍵結斷裂。這種使鍵結開始斷裂所需的能量，就是所謂的「能量障壁」（energy barrier），而克服能量障壁的最小能量，稱爲**活化能**（E_a）。

氮和氧反應形成一氧化氮的能量障壁非常高（N_2 和 O_2 這兩個分子，分子內的原子間鍵結很強），只有那些最快速移動的氮分子和氧分子，才擁有足夠的能量進行反應。圖 9.11 顯示，這個化學反應的能量障壁有如陡直的小山丘。

化學反應的活化能就好像是汽車要駛過山頂所需的能量。如果車子沒有足夠的能量爬過山頂，就沒辦法到達山的另一邊。同理，反應物分子只在能量等於或超過活化能時，才能變成產物分子。

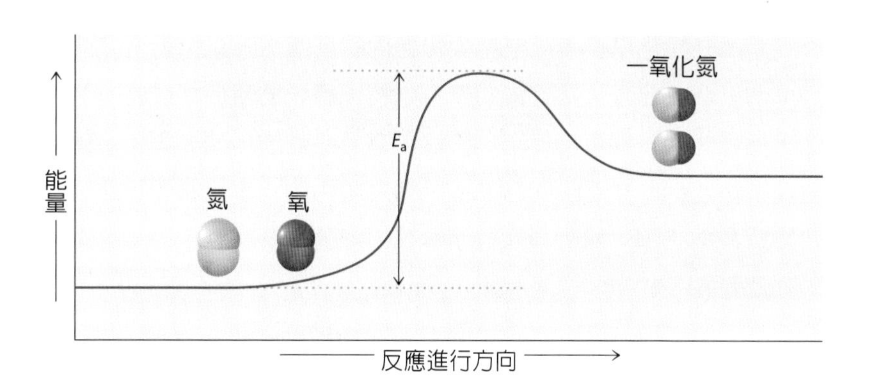

圖9.11
反應物分子至少要得到最小的能量，也就是所謂的活化能，才能轉變成產物分子。

在某個溫度下，反應物分子的動能分布很廣，有的移動得快，有的卻很慢。《觀念化學 I》的第 1 章曾討論過，物質的溫度就是物質中所有分子的動能平均值。在圖 9.12 中，少數移動得快的反應物分子，因為有足夠的能量超越過能量障壁，所以會先轉變成產物分子。

當反應物的溫度增加時，有足夠能量可超越能量障壁的分子，數目也會增加。這就是為什麼反應在較高溫時會進行得較快。相反的，在較低溫時，具有足夠能量超越能量障壁的分子數目較少，所以溫度低時，反應通常較慢。

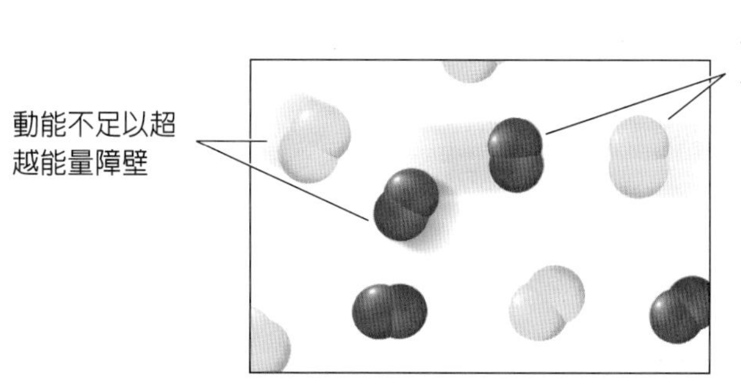

圖9.12
快速移動的反應物分子具有足夠的能量，可以超越能量障壁，所以會先轉變成產物分子。

大部分的化學反應，包括生物體內的反應，都以這種方式受到溫度的影響。包含人類在內的許多動物，體內的溫度都受體溫的調節，而體溫通常都維持一定。不過，有一些動物，例如鱷魚，體溫會隨環境起伏。在溫暖的日子下，鱷魚體內的化學反應會加速，此時鱷魚最爲活躍。如果天氣較冷，牠的身體化學反應較慢，鱷魚的行動就遲緩下來。

觀念檢驗站

Q

廚房裡有哪些設備，是用來降低微生物在食品上的生長速率？

你答對了嗎？

A

答案是冰箱！像是麵包上的黴菌等微生物，到處都存在，是難以避免的。冰箱降低了受微生物汙染的食物的溫度，也同時降低了微生物生長的化學反應速率，因此可以延長食品的存放時間。

9.4 催化劑增加化學反應速率

前一節介紹了化學反應可以用「增加反應物濃度」或「提高溫度」來加速。第三種加快反應速率的方法，就是加入**催化劑**（或稱觸媒）。催化劑是以降低活化能來增加化學反應速率的。催化劑可以當成反應物參與反應，然後再於生成物的位置當成產物，並繼續催化接下來的反應。

臭氧（O_3）轉化成氧（O_2）的速率通常很慢，因爲這個反應的能量障壁相當高，如圖 9.13a 所示，不過如有氯原子做爲催化劑，能量障壁會降低，如圖 9.13b 所示，反應就可加速進行。

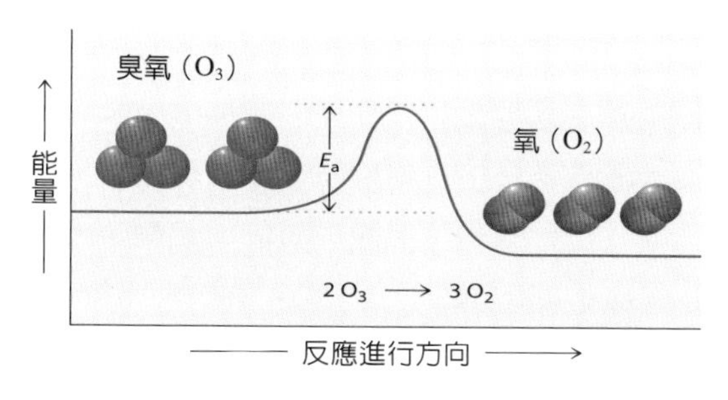

(a) 沒有催化劑

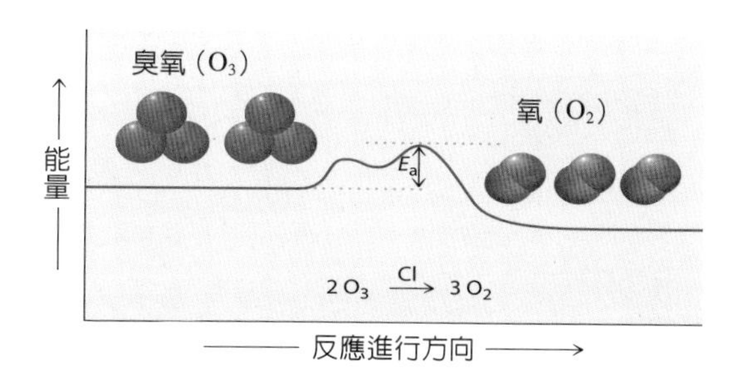

(b) 有氯催化劑存在

圖 9.13

（a）高能量障壁表示只有最活躍的臭氧分子才可以形成氧分子。

（b）氯原子可以降低能量障壁，所以有更多的反應物分子，有足夠的能量形成產物。氯原子使反應按兩個步驟進行，圖中的兩個小能量障壁就是這兩個步驟（請注意，在反應方程式中，通常把催化劑寫在箭頭上方）。

氯原子降低這個反應的能量障壁的方法，是提供中間反應當替代途徑，這些中間反應的活化能，都比沒有催化劑時的活化能要低。這種替代途徑有兩個步驟：首先是氯原子與臭氧反應，形成氧化氯和氧：

$$\underset{\text{氯}}{Cl} + \underset{\text{臭氧}}{O_3} \longrightarrow \underset{\text{氧化氯}}{ClO} + \underset{\text{氧}}{O_2}$$

然後氧化氯與另一個臭氧分子再形成氯原子，並產生另外的兩個氧分子：

$$\underset{\text{氧化氯}}{ClO} + \underset{\text{臭氧}}{O_3} \longrightarrow \underset{\text{氯}}{Cl} + \underset{\text{氧}}{2\,O_2}$$

雖然在第一個反應中，氯消耗掉了，但在第二個反應中又再生成出來。最後，氯並沒有絲毫的消耗。不過同時，總共有兩個臭氧分子很快的變成三個氧分子。因此氯是臭氧變成氧的催化劑，因爲氯增進了反應速率，但並沒有反應消耗掉。

氯如果是存在於平流層中的話，會催化地球臭氧層的破壞，我們會在《觀念化學 V》第 17 章對此進一步探討。有證據顯示，平流層會有氯原子，是因爲人造的氟氯碳化合物（chlorofluorocarbons, CFCs）的副產物，氟氯碳化合物一度曾廣泛的做爲冰箱及冷氣機的冷媒。臭氧層的破壞是很嚴重的問題，因爲臭氧層能隔絕陽光中對我們有害的紫外線輻射。據估計，臭氧層中的 1 個氯原子在自然過程中被消滅，要經過一、兩年，但就在這一、兩年期間，它可以催化 100,000 個臭氧分子變成氧分子。

化學家已經可以利用催化劑來做許多有益的事情。例如，汽車引擎的排放氣包含很多種汙染物，像是一氧化氮、一氧化碳以及沒有燃燒的燃料氣體（碳氫化合物）。大部分的車輛都安裝有觸媒轉化器，如圖 9.14 所示，以減少這些汙染物跑到大氣中。轉化器中的金屬催化劑，加速反應使汙染物變成較無毒的物質。一氧化氮轉變成氮和氧，一氧化碳轉變成二氧化碳，而沒有燃燒的燃料則轉變成二氧化碳和水蒸氣。因爲催化劑並沒有在反應中消耗掉，所以觸媒轉化器可以用到車子報廢爲止。

觸媒轉化器與經微晶片控制油／氣比（fuel/air ratio），可顯著降低每輛車的排放氣汙染。1960 年，每一輛車行駛 1.6 公里，會排放 11 公克的未燃燒燃料、4 公克的一氧化氮，以及 84 公克的一氧化碳。到了 2000 年，經改良的車子則排放少於 0.5 公克的未燃燒燃料、少於 0.5 公克的一氧化氮，且只有 3 公克的一氧化碳。不過這種改良卻給車輛數的增加抵銷了。雖然觸媒轉化器發明後，汽車排放的氣體乾淨多了，但路上行駛的車輛卻多更多了。在 1960 年，美國有 7 千萬部車輛，但到了 2000 年則超過了 2 億輛。

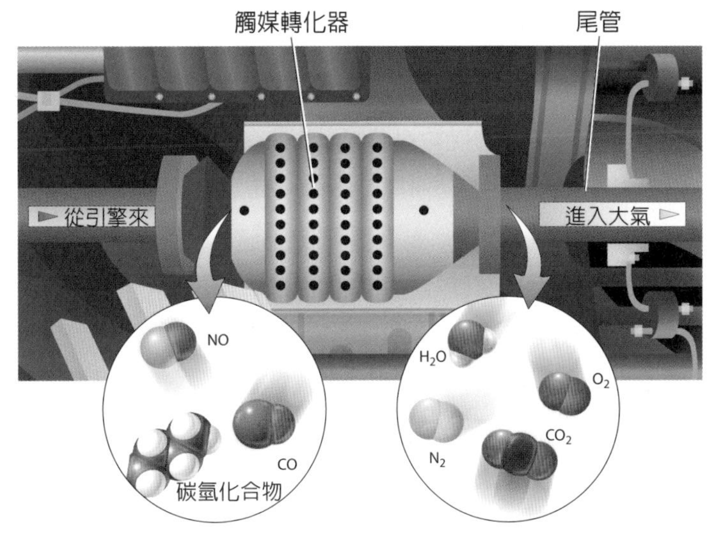

圖9.14
觸媒轉化器降低汽車排氣中的汙染物，把有害的物質，像是 NO、CO 以及碳氫化合物，轉化成無害的 N_2、O_2 及 CO_2。常用的催化劑為鉑（Pt）、鈀（Pd）或銠（Rd）。

化學工業倚賴催化劑，因爲催化劑可以降低製造成本：催化劑可以降低反應所需的溫度，提供較高的產率，且本身不會消耗。目前有差不多超過 90% 的製品都是靠催化劑的幫忙製造出來的。

沒有催化劑，汽油的價格會更貴，而橡膠、塑膠、藥物、汽車零件、衣服、食物生長用的化學肥料等消費性物品，價格也會更高。

活的微生物也倚靠叫做酵素的特別催化劑，酵素可以使非常複雜的生化反應很容易發生。酵素的性質和行爲將在《觀念化學 IV》第 13 章中介紹。

觀念檢驗站

Q 催化劑如何降低化學反應的能量障壁？

你答對了嗎？

A 催化劑提供另一條較容易達到的路徑，來完成化學反應。

9.5 化學反應有的會放熱，有的會吸熱

在前面兩節中我們談到，反應物必須有足夠的能量才能超越能量障壁，使化學反應進行。不過，一旦反應完成後，就會有釋出或吸收的淨能量。如果淨反應是釋出能量的，稱爲**放熱反應**，譬如發射火箭到太空中或營火發出紅熱火光，就是放熱反應的結果。如果

淨反應是吸收能量的，稱爲**吸熱反應**。例如，光合作用包含了一連串受到太陽能促成的吸熱反應。我們可由鍵能的概念來瞭解放熱和吸熱反應，例如燃燒木材的化學反應會釋放能量，而植物的光合作用，是吸收能量的反應，

在化學反應過程中，化學鍵結會斷裂，然後原子重新排列形成新的化學鍵。這種化學鍵的斷裂和形成，牽涉到能量的改變。做一個譬喻，好像是一對磁鐵，你要把它們分開就得使用「腕力」，相反的，當兩個分開的磁鐵碰在一起時，它們會比原先熱一點，這種溫熱就是能量釋放的證據。如果要把磁鐵分開，它們就必須吸收熱，如果它們兜在一起就會放出能量。相同的道理也可以用在原子上。把相鍵結的原子分開，就要施與能量，而把原子結合，就有能量放出。放出能量的形式，可能是分子或原子移動得較快，或放出電磁輻射，或者兩者都有。

要把相鍵結的兩個原子扯開所需的能量，等於把兩個原子拉在一起時所放出的能量。使鍵斷裂所吸收的能量，或形成鍵所釋放的能量，稱爲**鍵能**。每一種化學鍵都有特定的鍵能。例如，氫－氫鍵的鍵能是每莫耳 436 千焦耳。也就是要把1莫耳的氫－氫鍵打斷，就要吸收 436 千焦耳的能量，或形成 1 莫耳的氫－氫鍵，要釋出 436 千焦耳的能量。不同的鍵結會含有不同的元素，也就有不同的能量，如次頁表 9.1 所示。你在閱讀本節時可以參考表 9.1，但不必去記這些鍵能，只要瞭解它們的意義就可以了。

一般而言，正的鍵能代表鍵斷裂時要吸收能量，而負的鍵能是表示形成鍵結時，會釋出能量。所以你在計算淨反應是釋放、還是吸收能量時，要小心它的符號是正的、還是負的。在標準的計算運作上，能量吸收要用正號標示，釋出能量用負號。例如，1 莫耳的H

表9.1　一些鍵能

化學鍵	鍵能（千焦耳／莫耳）	化學鍵	鍵能（千焦耳／莫耳）
H − H	436	O − O	138
H − C	414	Cl − Cl	243
H − N	389	N − N	159
H − O	464	N = O	631
H − F	569	O = O	498
H − Cl	431	O = C	803
H − S	339	N ≡ N	946
C − C	347	C ≡ C	837

− H 鍵斷裂時，就要寫成＋436 千焦耳，表示反應是吸收能量的，若討論的是形成 1 莫耳的H − H鍵時，就要寫成− 436千焦耳，表示反應是放出能量的。現在先來做一些練習。

觀念檢驗站

Q　所有共價單鍵的鍵能都一樣嗎？

你答對了嗎？

A　鍵能與鍵結的原子種類有關。例如，H − H單鍵的鍵能是每莫耳 436 千焦耳，但H − O單鍵的鍵能是每莫耳 464 千焦耳。所有的共價單鍵，鍵能都不同。

放熱反應會釋出能量

對任何化學反應而言，反應物鍵結斷裂時吸收的總能量，與形成產物時釋出的總能量是不同的。來看看氫和氧形成水的反應：

$$\mathrm{H{-}H + H{-}H + O{=}O \longrightarrow H{-}O{-}H + H{-}O{-}H}$$

在反應物中，氫原子和氫原子鍵結，氧原子以雙鍵與氧原子鍵結。這些鍵斷裂時，總吸收的能量爲：

鍵的種類	莫耳數	鍵能	總能量
H－H	2	＋436 千焦耳／莫耳	＋872 千焦耳
O＝O	1	＋498 千焦耳／莫耳	＋498 千焦耳
		總吸收能量：	＋1370 千焦耳

在產物方面，有四個氫－氧鍵，形成這些鍵總共放出的能量是

鍵的種類	莫耳數	鍵能	總能量
H－O	4	－464 千焦耳／莫耳	－1856 千焦耳
		總放出能量：	－1856 千焦耳

對於這個反應，放出的能量超過吸收的能量，所以反應的淨能量是把這兩個能量加起來：

反應的淨能量 ＝ 吸收的能量 ＋ 放出的能量
＝ ＋1370 千焦耳 ＋ （－1856 千焦耳）
＝ －486 千焦耳

反應的淨能量是負號，所以是放熱反應。對於放熱反應，釋出的能量也可視為產物，所以有時會寫在化學方程式箭頭的右邊：

$$2\,H_2 + O_2 \longrightarrow 2\,H_2O + \text{能量}$$

在放熱反應當中，產物分子的原子位能低於反應物分子的原子位能。如同圖 9.15 的反應進行圖所示，產物分子的原子位能較低，因為它們相吸得較緊。用兩個相吸的磁鐵來譬喻，當它們互相靠近時，位能減少，損失的位能就由動能的增加來補償。當兩個自由浮動的磁鐵互相接近時，速度會增加。類似的，反應物進行反應形成產物時，反應物的位能轉化成動能，呈現出來的現象就是原子或分子移動得較快，或產生電磁輻射，甚至兩者都有。這個動能是反應釋放出來的，等於反應物和產物的位能差，如圖 9.15 所示。

我們必須瞭解，放熱反應釋出的能量並不是由反應所創造出來的，而是根據能量守恆定律來的。也就是在化學反應中，能量既不

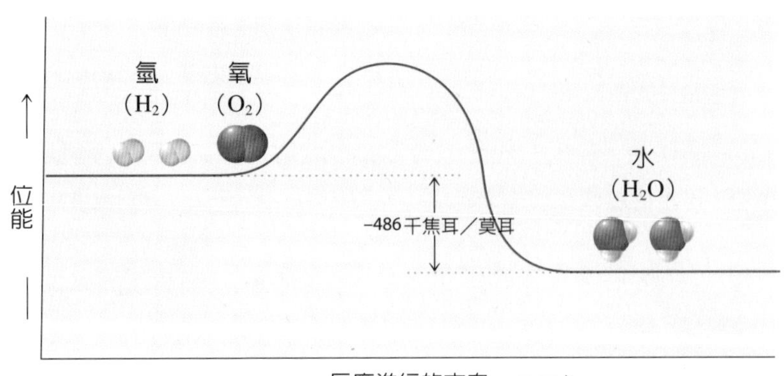

圖9.15
在放熱反應中，產物分子的位能低於反應物分子的位能，反應的淨釋放能量，等於反應物和產物位能的差。

能創造，也不能給摧毀。它只能由一種形態轉變成另一種形態。在放熱反應中，能量原先是以化學鍵的位能形態出現，釋放後以動能呈現，使分子移動得快些，或放出電磁輻射，或兩者兼而有之。

放熱反應放出的能量，大小與反應物的量有關。例如圖 9.16 所示，要提供足夠的能量使太空梭進入軌道，需要大量的氫和氧來進行反應。太空梭的中央儲槽連接著兩個船艙：一個充滿液態氫，另一個放滿了液態氧。點火後，這兩種液體會混合，進行化學反應形成水蒸氣，產生所需的推動力把火箭筒噴射出去。另外的推動力是由一對固態燃料火箭助推器而來的，固態燃料包含過氯酸銨（NH_4ClO_4）和鋁粉的混合物。點燃後，這些化學藥品會反應，形成產物由火箭後面噴出。平衡後的化學方程式爲：

圖 9.16
太空梭利用放熱的化學反應得到能量，從地面發射升空。

$$3\,NH_4ClO_4 + 3\,Al \longrightarrow$$

$$Al_2O_3 + AlCl_3 + 3\,NO + 6\,H_2O + \text{能量}$$

觀念檢驗站

Q　放熱反應釋出的淨能量跑到哪裡去了？

你答對了嗎？

A　這些能量使原子和分子移動得更快，或形成了電磁輻射，或者兩種形式兼具。

吸熱反應會吸收能量

很多化學反應是吸熱反應，也就是形成產物所放出的能量，少於使反應物鍵結斷裂時所吸收的能量。例如大氣中的氮和氧反應形成一氧化氮，這種反應與本章前面討論過的許多反應是相同的：

$$N{\equiv}N + O{=}O \longrightarrow N{=}O + N{=}O$$

反應物化學鍵斷裂所吸收的能量爲

鍵的種類	莫耳數	鍵能	總能量
N ≡ N	1	+ 946 千焦耳／莫耳	+ 946 千焦耳
O = O	1	+ 498 千焦耳／莫耳	+ 498 千焦耳
			總吸收能量：+ 1444 千焦耳

在產物方面，形成這些鍵放出的能量是

鍵的種類	莫耳數	鍵能	總能量
N = O	2	− 631 千焦耳／莫耳	− 1262 千焦耳
			總放出能量：− 1262 千焦耳

跟前面一樣，反應的淨能量是把這兩個能量加起來：

能量的淨反應＝ 吸收的能量 ＋ 放出的能量
＝ ＋ 1444 千焦耳 ＋ （− 1262 千焦耳）
＝ ＋ 182 千焦耳

這個正號，表示淨反應是吸收能量的，所以反應是吸熱反應。

對於吸熱反應，能量也可視爲是反應物，有時候可放在化學方程式的箭頭左邊，所以可寫成：

$$能量 + N_2 + O_2 \longrightarrow 2\,NO$$

在吸熱反應當中，產物分子的原子位能高於反應物分子的原子位能。如同圖 9.17 的反應進行圖所示，要把產物分子的原子位能提高，就需要加入能量，能量必須以電磁輻射、電力或熱的形式，由外部來源來加入。

因此，氮和氧反應形成一氧化氮，只能在加入很多熱的情況下才能發生，像是在閃電的附近或在內燃機內進行。

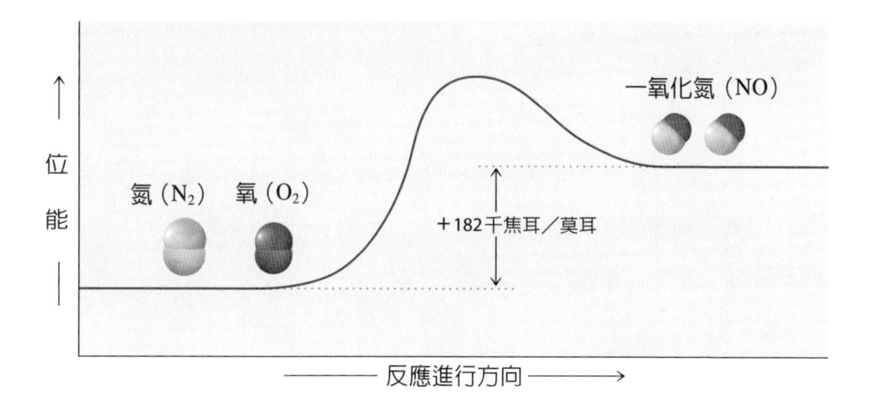

圖 9.17
在吸熱反應中，產物分子的位能高於反應物分子的位能。反應的淨吸收能量等於反應物和產物位能的差。

生活實驗室：水混合物的加溫或冷卻

回想《觀念化學 II》第7.1節的介紹，化學鍵和分子間吸引力都是電力，差別是化學鍵通常是分子間吸引力的數倍強。因此，形成或打斷化學鍵，會牽涉到能量；形成或打斷分子間的吸引力，也與能量有關。對於改變分子間的吸引力，每 1 公克物質所吸收或釋放的能量相當小。物理變化與分子間吸引力的形成或崩解有關，所以比較安全，適合動手來做化學活動。用下面這兩個活動來體驗物理變化的放熱或吸熱反應：

1. 在水槽中把你的手掌心彎曲，在手裡放入一些常溫的水，再倒入等量的酒精到水中。這種混合是放熱、還是吸熱過程？
2. 在兩個塑膠杯內加入微溫的水（不要用隔熱的保麗龍杯）。把這兩杯液體倒來倒去，使它們的溫度一致，最後讓兩個杯子的水量相同。在一杯中加入幾湯匙的鹽並攪拌。看看它的溫度和另外一杯沒加鹽的有什麼不同？（你可以把杯子貼到臉頰，體會看看。）它是吸熱、還是放熱過程？在分子層次發生了什麼？

生活實驗室觀念解析

1. 酒精和水的混合是一種放熱過程，你把這兩種液體相混時會感覺到溫熱。從分子的階層來說，是因醇類分子和水分子間形成了氫鍵。《觀念化學 II》節 7.1 節所說的「氫鍵」，是分子間的吸引力。在醇類與水分子間形成的這些分子間吸引力會放熱。

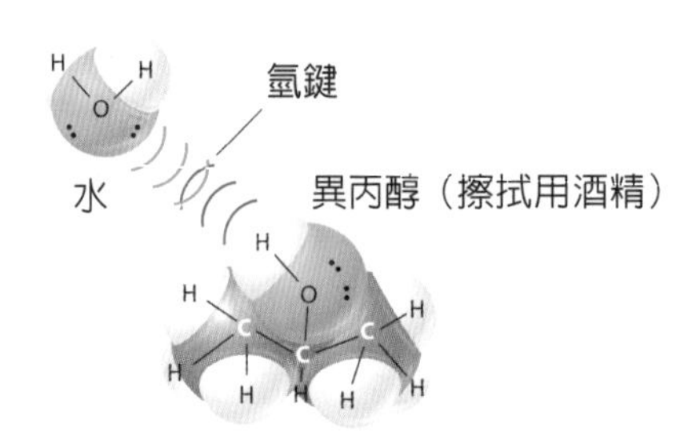

2. 你應該可以感覺到，加了鹽的水比沒加鹽的水要冷一些，也就是氯化鈉和水的混合是一種吸熱過程。從分子的階層來看發生了兩樣事情。首先是固態鹽中的 Na^+ 和 Cl^- 的離子鍵斷裂，這個過程會吸收能量。然後離子與水分子形成離子－偶極吸引力，這個過程會放出能量。而第一步吸收的能量大於第二步釋出的能量。

市面上的「化學冷袋」的原理與此相似。不過，它用的不是氯化鈉而是硝酸銨，硝酸銨溶在水中時吸收的能量更多。要使化學冷袋產生功用，必須要用力揉擠它，使裡面的密封打開讓硝酸銨和水混合。硝酸銨溶於水後會吸收熱，此時與化學冷袋接觸的東西（如扭傷的足踝），溫度就會下降。

9.6 用熵來衡量發散的能量

能量易於發散。它會從集中處流散開來，這種模式我們每天都會經驗到。譬如說，熱盤子一旦從火爐上移開，能量不會一直停留在盤上，而會向外輻射出去（散開），從盤子散布入環境裡。汽油在車子的引擎中燃燒的能量，有一部分會傳出去使車子前進，剩下的會發散到引擎、散熱器的流體及排氣管上。能量發散的第三個例子如圖 9.18 所示。

圖 9.18
彈珠不會一直彈跳，而會慢慢靜止下來，因為摩擦力會把它們的動能轉化成熱能，這個熱能會擴散到地板及整個房間內。

科學家認爲，這種能量發散的傾向是驅動物理及化學程序的主要力量之一。換句話說，像熱盤子冷卻和汽油燃燒，這種能量發散的過程是自發的，因爲能量就是愛發散。

相反的，能量群集的情形就不易發生，能量就是不想聚集。例如，室內的熱不會自動流回盤子上，使盤子熱起來。同樣的道理，車子排氣中的低能量分子，不會自動聚攏再形成高能量的汽油分子。能量的自然流動總是單向的，會由集中處散開出去。

如同《觀念化學 I》中第1.6節說的，給予物質能量，可以提高物質的溫度或改變它的相態。物質吸收能量後，會達到特定溫度和相態，「物質吸收的所有能量」除以「該物質的絕對溫度」是一種重要的量，稱為**熵**。這裡要使用絕對溫標，因為如同《觀念化學 I》第1.6節所說的，絕對溫度直接與原子和分子的運動有關。

表9.2顯示不同物質有不同的熵。請注意熵一般以 S 表示，它的單位是能量（J）除以絕對溫度（K）。通常，物質的熵愈高，它所含的能量就愈多，如圖9.19所示。

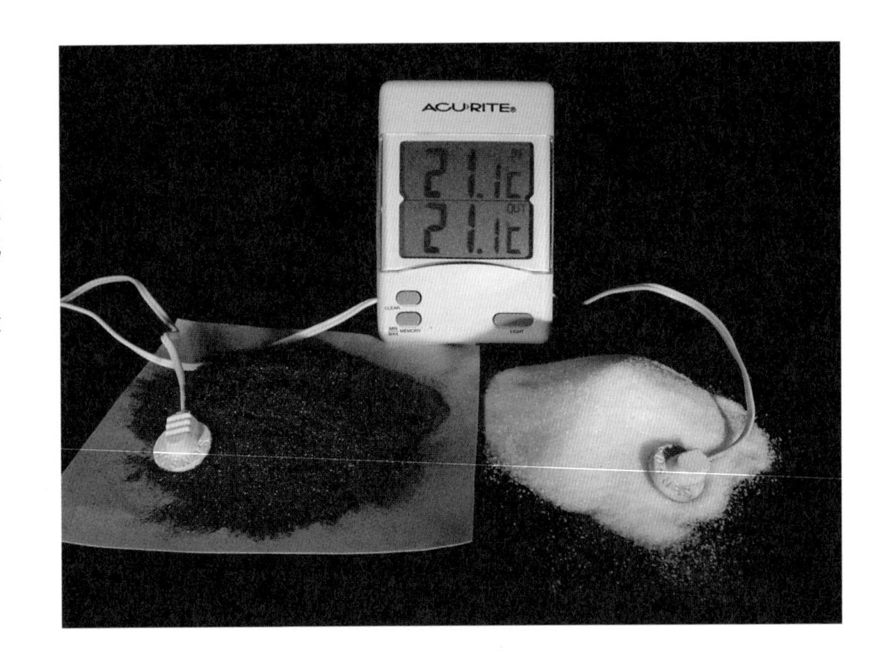

圖9. 19
這裡顯示的12公克的石墨（1莫耳）和58.5公克的氯化鈉（1莫耳），溫度都一樣是294 K（21.1℃）。不過，從0 K到此溫度，它們吸收的總能量為：氯化鈉（$S = 72.4$ J/K），石墨（$S = 5.7$ J/K）。氯化鈉的總吸收能量比石墨大得多。

表 9.2 物質在 298K（25℃）下，每莫耳的熵

物質	熵值，S (J/K)
碳，C (s, 鑽石)	2.4
碳，C (s, 石墨)	5.7
氟化鈉，NaF (s)	51.5
水，H_2O (ℓ)	69.9
氯化鈉，NaCl (s)	72.4
溴化鈉，NaBr (s)	86.8
氫，H (g)	114.7
氯化鈉，NaCl (aq)	115.5
甲醇，CH_3OH (ℓ)	126.8
氫，H_2 (g)	130.7
硝酸銨，NH_4NO_3 (s)	151.1
碳，C (g)	158.1
甲烷，CH_4 (g)	186.3
水，H_2O (g)	188.8
氮，N_2 (g)	191.6
氨，NH_3 (g)	192.5
氧，O_2 (g)	205.1
二氧化碳，CO_2 (g)	213.7
二氧化氮，NO_2 (g)	240.1
硝酸銨，NH_4NO_3 (aq)	259.8

化學物反應時，熵就會改變

化學反應進行時，物質的身分就會改變。例如，2 莫耳的氫原子（H），會進行反應，形成 1 莫耳的氫分子（H_2）：

$$H(g) + H(g) \longrightarrow H_2(g)$$

雖然 H 和 H_2 都是由氫原子組成的，但它們並不是同一種物質，性質也不一樣，包括熵也不同，如表 9.2 所示。化學家計算在反應裡化學物的熵差異時，是把所有產物的熵加起來，減去所有反應物熵的總和：

$$\text{熵變化} = \text{產物熵的總和} - \text{反應物熵的總和}$$

形成氫分子的情形，熵的變化為

$$\underset{114.7\ \text{J/K}}{H} + \underset{114.7\ \text{J/K}}{H} \longrightarrow \underset{130.7\ \text{J/K}}{H_2}$$

$$\begin{aligned}\text{熵變化} &= (130.7\ \text{J/K}) - (114.7\ \text{J/K} + 114.7\ \text{J/K}) \\ &= -98.7\ \text{J/K}\end{aligned}$$

請注意這種熵變化是負的，顯示反應過程中，熵在減少。我們可以用粒子數目來想像熵如何減少。通常，愈多的粒子表示能量有愈多的機會來發散（高熵）。相反的，粒子數目愈少，就愈少有機會使能量發散（低熵）。在氫反應中，2 莫耳的氫原子轉化成 1 莫耳的氫分子，反應後粒子數目減少。因此，能量在產物中發散的機會，比在反應物中來得少。

用兩顆彈珠掉落到地板做譬喻。彈珠向不同的方向彈跳出去時會把能量發散出去，如果這些彈珠合併起來，成爲一個大彈珠時會怎樣？當大彈珠掉落時，也同樣會釋放能量，但合併起來的大彈珠，能量釋放得較少。比起同質量的大彈珠，兩個彈跳的彈珠有更多的熵（能量發散）。同理，在定溫下，兩個氫原子的熵，大於相同質量的單獨一個氫分子。因此，兩個氫原子變成單獨一個氫分子時，熵會減少，所以左頁方程式的熵變化是負的。

觀念檢驗站

Q

2 莫耳的氫氣（H_2），和 1 莫耳的氧氣（O_2）作用，形成 2 莫耳的液態水（H_2O）。反應物和產物的熵，相差多少？

$$\underset{130.7\ J/K}{H-H(g)} + \underset{130.7\ J/K}{H-H(g)} + \underset{205.1\ J/K}{O=O(g)} \rightarrow \underset{69.9\ J/K}{H-O-H(\ell)} + \underset{69.9\ J/K}{H-O-H(\ell)}$$

你答對了嗎？

A

反應的熵變化 ＝ 產物熵的總和－ 反應物熵的總和

＝（69.9 J/K ＋ 69.9 J/K））－（130.7 J/K ＋ 130.7 J/K ＋ 205.1 J/K）

＝－ 326.7 J/K

反應的熵變化爲負值（熵值減少）是有道理的，因爲反應後，分子的數目較少，而且反應物是氣體，產物是液體；氣體較容易擴散，所以氣體的熵高於液體的熵。

根據上面的分析，氫原子應該不會自己轉變成氫分子，否則就違反能量發散的自然傾向。不過，我們還沒說完整件事，底下繼續說下去。雖然我們討論了反應物和產物自己內部的熵，我們還得考慮反應中的能量釋放或吸收。這是在第 9.5 節時你學到的反應能量，你曾用反應物和產物之間的鍵能來計算過。

氫分子的形成僅僅牽涉到化學鍵的形成，而沒有反應物鍵結的斷裂。在放熱反應中，形成每莫耳的 H_2 會放出436,000 J（若從化學反應的觀點來看，它是 －436,000 J，負號表示在反應中損失了能量。另一方面，環境獲得能量，我們把它標爲＋436,000 J）。因爲是放熱反應，放出的能量會擴散到環境中，顯示氫原子應該會反應成氫分子。從這兒，顯現出了兩個互相競爭的熵：發散到氫分子的熵，能量較少，另一個散到環境中的熵，能量較多，哪一個比較重要？我們只要把這兩個競爭的熵相加，就可以知道了。

要計算淨能量造成的熵變化，是把反應的總能量除以它的絕對溫度。所以，熵值就是把形成 1 莫耳 H_2 放出的能量 436,000 J 除以 298 K，等於 ＋ 1463 J/K，由此反應放出到宇宙中的熵就是

宇宙中的熵變化＝（產物－反應物）的熵變化 ＋ 反應淨能量的熵變化
＝ －98.7 J/K ＋ 1463 J/K＝＋1364 J/K

因此，氫原子（H）形成氫分子（H_2）的反應，在宇宙中的熵，淨變化是正的，表示這個反應會自發進行。換句話說，氫分子系統裡小的負熵值，會由四周大的正熵值補償。

正如熱盤子會自行冷卻一樣，當有淨能量發散時（正的熵變化）化學反應可以自動發生；如果有淨能量吸收時（負的熵變化）則要有較熱的環境驅動，反應才能進行。這點我們將在下面討論。

觀念檢驗站

2 莫耳的氫（H_2）和 1 莫耳的氧（O_2）作用產生 2 莫耳的水（H_2O），總釋放能量爲 486,000 焦耳。假設反應發生在 298 K，對整個宇宙而言，這個反應的熵是增加還是減少？

H—H (g) ＋ H—H (g) ＋ O＝O (g)

130.7 J/K　　130.7 J/K　　205.1 J/K

→ H—O—H(ℓ)＋ H—O—H(ℓ)

69.9 J/K　　69.9 J/K

你答對了嗎？

這個反應的熵變化爲 486,000 J/298 K＝1631 J/K，是放熱反應。熵變化加上產物與反應物的熵差（即上一個觀念檢驗站的答案），跑到宇宙的熵就是：

宇宙中的熵變化 ＝ 產物－反應物的熵變化 ＋ 反應淨能量的熵變化

＝ －326.7 J/K ＋ 1631 J/K

＝ ＋ 1304 J/K

這種宇宙中熵的淨變化是正的，告訴我們這個反應會自發進行。當然，如同我們在第 9.3 節討論的，反應要進行需要一個小火花來克服能量障壁。

吸熱反應需要從環境吸收能量

放熱反應易於由反應物向產物的方向進行，因爲這些反應對環境放出能量。那麼吸熱反應呢？吸熱反應需要從環境吸收能量。換句話說，除非環境會供給能量給反應，否則反應不會自動發生。

以水（H_2O）分解成氫（H_2）和氧（O_2）來說，298 K 時反應的總熵與形成水的總熵，數值相同符號相反，也就是水的分解反應，熵是負的，反應不會自行發生。注意，水分解的方程式中，熵變化的值與前兩個觀念檢驗站相同，但符號相反：

$$H_2O + H_2O \longrightarrow H_2 + H_2 + O_2$$

$$\begin{aligned}\text{宇宙中的熵變化} &= \text{產物－反應物的熵變化} + \text{反應淨能量的熵變化}\\ &= +326.7\ \text{J/K} + (-1631\ \text{J/K})\\ &= -1304\ \text{J/K}\end{aligned}$$

要迫使這種分解反應進行，方法之一是提高溫度到某一定點，使環境的熱可以促成反應物變成產物。有趣的是，化學物的熵並不會因溫度提高而顯著增加。不過，反應淨能量的熵卻有相當大的差異。例如，溫度提高到 1800 K，反應淨能量的熵變化是－486,000 J 除以1800 K＝－270 J/K，所以宇宙的熵變化就變成正的：

$$H_2O + H_2O \longrightarrow H_2 + H_2 + O_2$$

$$\text{宇宙中的熵變化} = \begin{matrix}\text{產物－反應物}\\ \text{的熵變化}\end{matrix} + \begin{matrix}\text{反應淨能量}\\ \text{的熵變化}\end{matrix}$$

$$= +326.7\ J/K + (-270\ J/K)$$

$$= +57\ J/K$$

因此，雖然室溫下不利於這種吸熱反應，但在 1800 K下，卻是有利於反應進行的。

前面會提到宇宙的熵變化，是因爲我們必須考慮到如何使溫度到達 1800 K。要達到如此的高溫，需要從如燃燒燃料之類的放熱反應得到。從放熱反應增加的熵，一定比水在 298 K 分解的反應所減少的熵大得多。

也就是說，要讓熵減少的吸熱反應能夠發生，附近要有可以增加熵的放熱反應才行。化學家經常以提高溫度來迫使不會自然發生的反應進行。

化學家通常利用例如燃燒天然氣等，會增加熵的反應，來達成目的。化學家運用這些原本不會自然發生的反應，創造出了很多自然界沒有的化合物，包括塑膠、計算機晶片、醫藥、肥料和金屬合金等現代材料。當所有的熵值加總起來會發現，宇宙的淨熵量總是在增加，這是自然定律。

熱力學定律

在本節及前一節中，我們的重點在於化學反應中能量所扮演的角色。這是屬於另一門科學——**熱力學**討論的範圍。我們所討論的放熱和吸熱反應以及熵概念，都屬熱力學定律，熱力學定律簡單的說就是：

1. 能量是守恆的。能量可以從一種形態轉變成另一種形態，簡單說例如由位能變成動能，但是宇宙中的總能量是不變的。放熱反應釋放的能量通常以熱的形態，跑到環境中的某些地方去了。

2. 自身會發生的事，能量總是更發散的。能量的發散程度，是用一種叫做熵的量來衡量，熵總是一直在增加。

觀念檢驗站

1. 不要去查鍵能，推測下列反應是放熱，還是吸熱的。這種能量應該寫在產物那一邊，還是反應物那一邊？

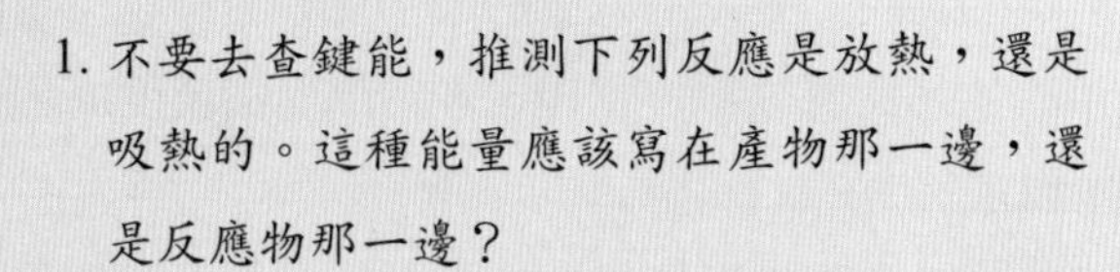

2. 反應物的能量較易發散，還是產物的能量較易發散？

你答對了嗎？

1. 反應中，有氮－氮鍵的斷裂，但沒有形成新的鍵。因爲化學鍵的斷裂是吸收能量，所以這個反應是吸熱的，能量應該寫在反應物那邊。

$$能量 + N_2O_4 \rightarrow 2\ NO_2$$

2. 在這個反應中，產物分子比反應物分子多，暗示產物比反應物更容易能量發散，有利於反應的進行。換句話說，因爲熵的增加，此反應可以在較低的溫度下進行。事實上，這個吸熱反應在室溫下即可自然發生。

想一想，再前進

化學反應可以說是化學的核心，處處都在應用。例如魔術師常喜歡燃燒一種叫做火焰紙的東西，這種硝化纖維素做的火焰紙，點燃後一下子就變不見了。不過，你知道從質量守恆定律來看，物質不會平白消失，它們會轉變成新物質。有時候，我們看不到新物質，但並不表示新物質不存在。火焰紙燃燒的反應之一如下所示：

$$4\ C_6H_7N_5O_{16}(s) + 19\ O_2(g) \longrightarrow$$

硝化纖維素的一項成分　　氧

$$24\ CO_2(g) + 20\ NO_2(g) + 14\ H_2O(g)$$

二氧化碳　　二氧化氮　　水

這個方程式在反應前後都有 24 個碳、28 個氫、20 個氮和 102 個氧原子。不同的是，原子會重新排列組合。在這個反應中形成的產物都是氣體，在我們還沒察覺時，就混入了大氣中。

製造火焰紙要混合纖維素和硝酸，且要知道適當的比例，也就是這兩種物質的式量。雖然火焰紙會與空氣中的氧接觸，但是它不會自動與氧作用，需要有起始的能量（就是魔術師的打火機引發的火花），以克服能量障壁。我們知道燃燒火焰紙是放熱反應，因爲產物放出的能量，大於反應物鍵結斷裂所吸收的能量。還有，因爲這個反應本身會自動進行，我們知道它是能量發散的反應，也就是熵會增加。能量的釋放是以光的形式與分子的快速運動表現出來，所以火焰紙燃燒之處，空氣會熱一點。魔術師用火焰紙表演，雖然不算是眞正的魔術，但其中的化學過程同樣使人著迷。

關鍵名詞

化學方程式 chemical equation：用以表示化學反應的方程式。(9.1)

反應物 reactant：化學反應中的起始物質，出現在化學反應式的箭頭前面。(9.1)

產物 product：化學反應中產生的新物質，寫於箭頭的後面。(9.1)

係數 coefficient：化學方程式中寫在產物與反應物前的數字，用來表示原子、分子的數目，或反應物與產物的莫耳數。(9.1)

式量 formula mass：在化合物或元素中，原子量的總和。(9.2)

亞佛加厥數 Avogadro's number：1 莫耳的任何分子都含有 6.02×10^{23} 個分子，6.02×10^{23} 即是亞佛加厥數。(9.2)

莫耳質量 molar mass：物質爲 1 莫耳時的質量。(9.2)

反應速率 reaction rate：用以測量化學反應中，產物濃度增加的快慢，或反應物濃度降低的快慢。(9.3)

活化能 activation energy：讓反應發生所需的最低能量。(9.3)

催化劑 catalyst：能增加化學反應速率，但不參與反應的東西。(9.4)

放熱反應 exothermic reaction：用以形容淨反應是釋放能量的化學反應。(9.5)

吸熱反應 endothermic reaction：淨反應是吸收能量的化學反應。(9.5)

鍵能 bond energy：化學鍵斷裂時吸收的能量，或化學鍵形成時釋出的能量。(9.5)

熵 entropy：在特定溫度下，某物質的總能量與該溫度的比值。（9.6）

熱力學 thermodynamics：一門科學，主要研究能量在化學反應中扮演的角色。（9.6）

延伸閱讀

1. http://www.thecatalyst.org/wwwchem.html
   這是給高中化學教師參考的網址，研究化學的人都會發現這個網站很有助益。你可以由此連結到化學史的部分，知道更多有關亞佛加厥的個人事蹟與亞佛加厥數的故事。
2. http://www.wxumac.demon.co.uk
   一氧化氮（NO），是硝酸鹽肥料的前趨物，也是常見的大氣汙染物，但是它也在人體中扮演許多重要角色。利用一氧化氮做爲關鍵詞，在網路上可以找到很多網站，介紹這個小而重要分子在生理學以及各種疾病中扮演的重要角色，這些疾病如艾滋海默氏症、帕金森氏症、氣喘症、心臟病以及各種感染。
3. http://www.secondlaw.com
   http://www.entropysimple.com
   這些網站注重熱力學第二定律如何應用到日常生活中，包括我們對時間的感覺，裡面提供很多實際的應用。可做爲第 9.6 節的延伸閱讀，幫助你瞭解這個最簡單，但也是自然界中最深奧的定律。

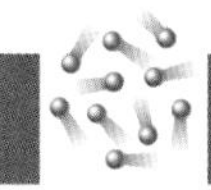

第9章　觀念考驗

關鍵名詞與定義配對

活化能	放熱反應
亞佛加厥數	式量
鍵能	莫耳質量
催化劑	產物
化學方程式	反應速率
係數	反應物
吸熱反應	熱力學
熵	

1. ______：化學反應的一種表示法。
2. ______：化學反應開始的物質，出現在化學方程式箭頭的前面。
3. ______：化學反應形成的新物質，出現在化學方程式箭頭的後面。
4. ______：用在化學反應式的數目，表示原子、分子的數目，或是反應物與產物的莫耳數。
5. ______：化合物或元素中，原子的原子量總和。
6. ______：1 莫耳物質中含有的粒子數（6.02×10^{23}）。
7. ______：1 莫耳物質的質量。
8. ______：衡量化學反應中，產物濃度增加或反應物濃度減少的速度。
9. ______：爲了使化學反應能夠進行所需的最少能量。

10. ______：可以增加化學反應速率的物質，而本身不會在反應中消耗掉。
11. ______：釋放能量的化學反應。
12. ______：吸收能量的化學反應。
13. ______：化學鍵形成時吸收的能量，或化學鍵斷裂時放出的能量。
14. ______：一定量物質的總能量除以該物質的絕對溫度。
15. ______：一門科學，主要在討論化學反應中能量扮演的角色。

分節進擊

9.1 化學反應可用化學方程式來表示

1. 化學方程式中的係數是做什麼用的？
2. 下面這個平衡的化學方程式，右邊有多少個鉻原子及多少個氧原子？

$$4\ Cr(s) + 3\ O_2(g) \longrightarrow 2\ Cr_2O_3(g)$$

3. 在化學方程式中的 (s)、(ℓ)、(g) 及 (aq) 代表什麼？
4. 為什麼化學方程式的平衡是重要的？
5. 在平衡化學方程式時，為什麼絕對不能改變化學式的下標？
6. 下列哪些方程式是平衡的？

a. $Mg(s) + 2\ HCl(aq) \longrightarrow MgCl_2(aq) + H_2(g)$
b. $3\ Al(s) + 3\ Br_2(\ell) \longrightarrow Al_2Br_3(s)$
c. $2\ HgO(s) \longrightarrow 2\ Hg(\ell) + O_2(g)$

9.2 化學家用相對質量計算原子數和分子數

7. 爲什麼等質量的高爾夫球和乒乓球，數目並不一樣？
8. 爲什麼等質量的碳原子和氧分子，所含的粒子數目不一樣？
9. 式量和原子量有什麼不同？
10. 鈉原子的質量是多少 amu ？
11. 一氧化氮（NO）的式量是多少 amu ？
12. 如果你有 1 莫耳的彈珠，那你共有多少個彈珠？
13. 如果你有 2 莫耳的銅板，那你有多少個銅板？
14. 18 公克的水是多少莫耳？
15. 18 公克的水有多少分子？
16. 1 莫耳的水分子與 6.02×10^{23} 個水分子一樣多，爲什麼？

9.3 反應速率受濃度和溫度的影響

17. 爲什麼相碰撞的反應物分子，並不會都變成產物？
18. 兩個反應物分子碰撞時，有兩項因素決定其碰撞會不會變成產物分子，這兩項因素是什麼？
19. 提高溫度後，對於化學反應的速率有什麼影響？
20. 爲什麼食物放在冰箱中較不容易敗壞？
21. 哪一些反應物分子會先通過能量障壁？
22. 哪一個名詞是用來敘述進行化學反應所需的最少能量？

9.4 催化劑增加化學反應速率

23. 哪一種催化劑可以用來破壞大氣中的臭氧（O_3）？
24. 催化劑會和反應物作用嗎？

25. 觸媒轉化器是做什麼用的？
26. 催化劑對反應的能量障壁做了什麼？
27. 化學反應對催化劑有什麼淨作用？
28. 爲什麼催化劑在我們的經濟體系中這麼重要？

9.5 化學反應有的會放熱，有的會吸熱

29. 如果用了 436 千焦耳去打斷鍵結，那麼形成相同的鍵結會釋放出多少千焦耳？
30. 在放熱反應中，是否會有能量消耗？
31. 放熱反應釋放的是什麼？
32. 吸熱反應吸收的是什麼？
33. 吸熱反應中，反應物的位能與產物的位能相較，哪一個較高？

9.6 用熵來衡量發散的能量

34. 能量發散後跑到哪裡？
35. 熵的單位是什麼？
36. 以下的敘述對或錯：化學家計算化學反應的熵變化時，是將產物的熵減去反應物的熵。
37. 化學反應中，熵扮演何種角色？
38. 爲什麼放熱反應一般有利於形成產物？

高手升級

1. 平衡下列方程式：

   a. ____ $Fe(s)$ + ____ $O_2(g)$ $\longrightarrow$ ____ $Fe_2O_3(s)$

b. ____ $H_2(g)$ + ____ $N_2(g)$ $\longrightarrow$ ____ $NH_3(g)$

2. 平衡這些方程式：

a. ____ $Fe(s)$ + ____ $S(s)$ $\longrightarrow$ ____ $Fe_2S_3(s)$

b. ____ $P_4(s)$ + ____ $H_2(g)$ $\longrightarrow$ ____ $PH_3(g)$

3. 這些物質的式量是多少？水（H_2O）、丙烯（C_3H_6）、2-丙醇（C_3H_8O）？
4. 二氧化硫（SO_2）的式量是多少？
5. 哪一個有較多的原子：17.031公克的氨（NH_3）或72.922公克的氯化氫（HCl）？
6. 哪一個有較多的原子：64.058公克的二氧化硫（SO_2）或72.992公克的氯化氫（HCl）？
7. 哪一個的分子數目最多：
   a. 28公克的氮（N_2）
   b. 32公克的氧（O_2）
   c. 32公克的甲烷（CH_4）
   d. 38公克的氟（F_2）
8. 哪一個的原子數目最多：
   a. 28公克的氮（N_2）
   b. 32公克的氧（O_2）
   c. 16公克的甲烷（CH_4）
   d. 38公克的氟（F_2）
9. 氫和氧總是以1：8的質量比反應成水。早期的研究者因此認為，氧是氫的8倍重。這些研究者假設水的化學式是怎樣的？

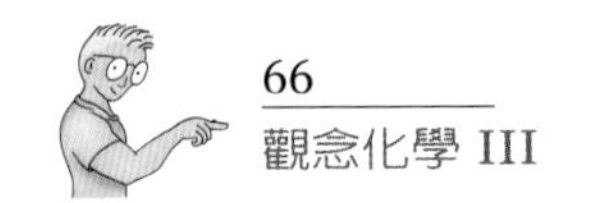

10. 2 amu等於多少公克？
11. 一個氧原子的質量是多少 amu？
12. 一個水分子的質量是多少 amu？
13. 一個氧原子的質量是多少公克？
14. 一個水分子的質量是多少公克？
15. 可不可能得到質量是 14 amu的氧？請解釋。
16. 哪一個比較大：1.01 amu的氫，或 1.01 公克的氫？
17. 哪一個質量較大：1.204×10^{24} 個氫分子，還是 1.204×10^{24} 個水分子？
18. 你有兩個元素樣品，每一個樣品的質量都是 10 公克。如果兩個樣品都含有相同數目的原子，那麼這兩個樣品一定是怎樣？
19. 冰箱會避免或延遲食物的腐壞嗎？請解釋。
20. 用在加糖的生麵糰原料上的酵母，會產生二氧化碳氣體而使麵糰發脹。爲什麼麵糰會在較熱的地方膨脹，而不是在冰箱中？
21. 爲什麼熾熱的木條在空氣中燃燒得較慢，但把它放在純氧中就會變成熊熊火焰燒起來？
22. 爲什麼在實驗室中進行化學反應時通常要加熱？
23. 制酸藥片在室溫的水中激烈的冒泡，但在室溫下 50：50 的醇類與水的混合液中，僅會慢慢的冒泡。用反應速率與分子碰撞的關係提出你的解釋。
24. 你能不能用活化能來說明，爲什麼有的反應要花幾十億年才能完成，有的反應只要花一秒多就完成？
25. 在下面的反應中，氧分子經由催化劑作用形成臭氧，哪一個化合物是催化劑？是一氧化氮，還是二氧化氮？

$$O_2 + 2\,NO \longrightarrow 2\,NO_2$$

$$2\,NO_2 \longrightarrow 2\,NO + 2\,O$$

$$2\,O + 2\,O_2 \longrightarrow 2\,O_3$$

26. 氟氯碳化合物在破壞臭氧的催化反應中，扮演何種角色？
27. 很多人聽說過大氣的臭氧層變稀薄，並奇怪我們為什麼不用臭氧把遭破壞的臭氧層補起來。以氟氯碳化合物與它的催化劑作用，解釋為什麼這不是解決之道。
28. 利用表 9.1 的鍵能及第 9.5 節的計算法，判定下列反應是放熱反應，還是吸熱反應？

$$H_2 + Cl_2 \longrightarrow 2\,HCl$$
$$2\,HC{\equiv}CH + 5\,O_2 \longrightarrow 4\,CO_2 + 2\,H_2O$$

29. 利用表 9.1 的鍵能及第 9.5 節的計算法，判定下面這些反應是放熱反應還是吸熱反應？

$$H_2N{-}NH_2 \longrightarrow H{-}H + H{-}H + N_2$$

$$H{-}O{-}O{-}H + H{-}O{-}O{-}H \longrightarrow O{=}O + H{-}O{-}H + H{-}O{-}H$$

30. 注意表 9.1 中的鍵能是從 H－N 到 H－O 到 H－F依次增加。根據週期表上這些原子的位置推測出它們的大小，來解釋這種趨勢。
31. 普通電池中發生的化學反應是放熱、還是吸熱的？你有什麼證據來支持你的說法？充電電池在充電時是吸熱、還是放熱的？
32. 氧合成臭氧的反應是放熱的還是吸熱的？由臭氧合成氧的反應呢？
33. 兩個人觀察一磚塊。有一個人說磚塊的能量是發散的，另一個人說磚塊的能量保

留在裡邊，哪一個人說得對，爲什麼？

34. 爲什麼水蒸氣的熵比液態水的熵高得多？
35. 燃料的熵是高還是低？
36. 如果有個吸熱反應會使能量較不發散，這個吸熱反應可不可能發生？
37. 有一些吸熱反應，能量是發散的，因爲原子重新排列形成產物時的能量變化，比反應物鍵結斷裂時吸收的能量還小。這些反應的特別之處，是使反應發生的能量，是由周圍環境提供的。請舉例說明。
38. 我們體內合成了例如蛋白質等成千上萬種化學物質，但它們不會自己合成，我們的身體用哪兩種方法來進行這種奇妙的壯舉？

思前算後

1. 0.250 公克的阿斯匹靈（式量是 180 amu）中，有多少個分子？
2. 在實驗室中需要少量的氧氣時，可以用簡單的化學反應來製備，像是：

$$2\ KClO_3(s) \longrightarrow 2\ KCl(s) + 3\ O_2(g)$$

如果在此反應使用 122.55 公克的 $KClO_3$（式量爲 122.55 amu），會產生多少公克的氧？

3. 6.0 公克的 2-丙醇（C_3H_8O）可以產生多少公克的水（H_2O）和丙烯（C_3H_6）？

```
                                        H
                                        |
      H   OH  H              H          C—H     H
      |   |   |              |        //          \
  H—C—C—C—H   ⟶      H—C—C              +   O
      |   |   |              |    |               /
      H   H   H              H    H             H
       2-丙醇                    丙烯              水
```

4. 16 公克的甲烷（CH_4）和無限供給的氧（O_2），可以製造多少莫耳的水（H_2O）？這些水是多少公克？

$$CH_4 + 2\ O_2 \longrightarrow CO_2 + 2\ H_2O$$

5. 1 莫耳的氮分子（N_2）和 3 莫耳的氫分子（H_2），形成 2 莫耳的氨（NH_3），會釋出多少能量（千焦耳）？可參考表 9.1 的鍵能。

$$N{\equiv}N + H{-}H + H{-}H + H{-}H \longrightarrow \begin{matrix} H{-}N{-}H \\ | \\ H \end{matrix} + \begin{matrix} H{-}N{-}H \\ | \\ H \end{matrix}$$

6. 1 莫耳的氮分子（N_2）和 3 莫耳的氫分子（H_2）形成 2 莫耳的氨（NH_3），是放熱反應，釋出 80,000 焦耳。利用表9.2，計算這個反應在 298 K（25℃）下是否會自動進行？

7. 假設表 9.2 給的熵值不只可用在 298 K，也可用在其他溫度，則 1 莫耳的氮分子（N_2）和 3 莫耳的氫分子（H_2）形成 2 莫耳氨（NH_3）的反應，把溫度從298 K（25℃）提高到 723 K（450℃），對於反應進行較有利，還是較不利？

10 酸和鹼

你知道什麼是酸，什麼是鹼，什麼是鹽嗎？

在化學裡，它們可都是有明確的定義的！

你知道物質有多酸該怎麼描述，

你曉得為什麼天上會落下酸雨嗎？

讀了本章你會瞭解，酸、鹼在我們的世界裡

扮演了多麼重要的角色！

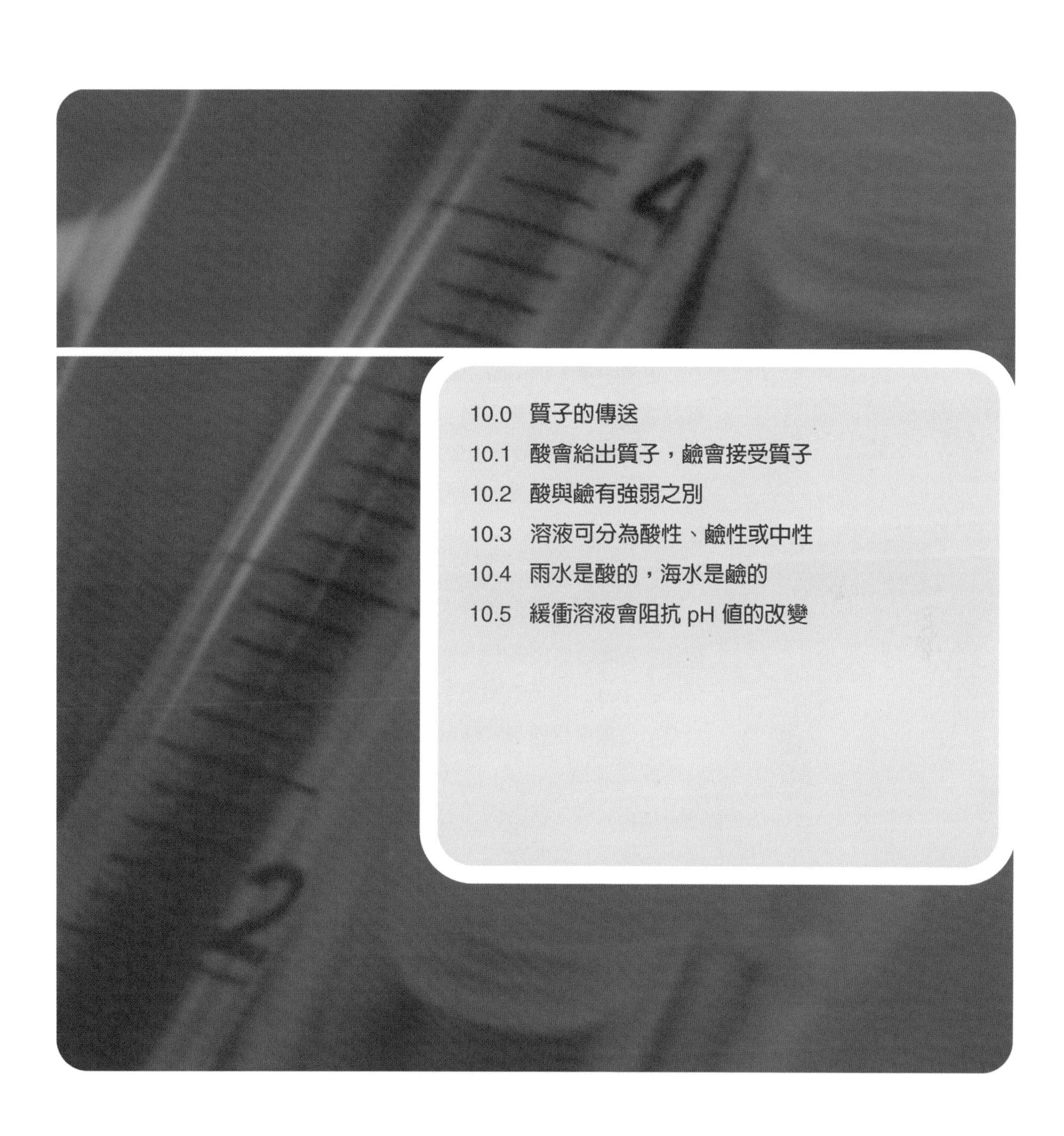
4
2

10.0 質子的傳送

下雨時，雨水會吸收空氣中的二氧化碳，雨水與二氧化碳作用形成碳酸（H_2CO_3），碳酸會使雨水成爲酸性。這些我們都將在本章中討論。

當雨水流入地下時，碳酸就與各種不同的鹼性礦物質，如石灰石等進行反應，形成產物，若產物可溶於水，就會讓流動的地下水帶走。這種讓水沖刷的現象進行了幾百萬年，造成了洞穴。

世界上分布最廣的洞穴是在美國肯塔基州西部的馬默斯洞穴國家公園（Mammoth Cave National Park）中，有長達 770 多公里的網狀洞穴。

雖然馬默斯洞穴國家公園有延伸最廣的洞穴網，但它的洞穴室卻比在新墨西哥州東南的卡爾士巴德洞穴國家公園（Carlsbad Caverns National Park）的小得多。卡爾士巴德最大的洞穴有25層樓高，半公里寬，卡爾士巴德洞穴國家公園會有寬大洞穴是因爲「蠶食」石灰石的酸是硫酸（H_2SO_4），硫酸比碳酸還強。硫酸是從氣態硫化氫（H_2S）及氣態二氧化硫（SO_2）形成的，這兩者都是深埋於地底下的油氣沈積釋放出來的。

本章將探討酸與鹼和它們的化學反應。先以酸、鹼這兩種重要物質的定義開始，然後介紹爲什麼某些酸會比較強，等學過 pH 尺標後，我們再進一步觀察酸鹼在環境與生理上的應用。

10.1 酸會給出質子，鹼會接受質子

英文的「酸」（acid），源自於拉丁文的「酸」（*acidus*）。醋和柑橘類水果的酸味，是因爲有酸的存在。食物在胃中消化要有酸的幫助，酸也是化學工業必要的物料。舉例而言，今天在美國每年就生產了約 3850 萬噸的硫酸，是產量最大的化學品，用在肥料、清潔劑、油漆、染料、塑膠、醫藥、電池、製鐵及煉鋼上。酸是如此重要的物資，它的生產可做爲國家工業強盛力的指標。

酸隨處可見，柑橘類水果中含有許多種類的酸，包括抗壞血酸（$C_6H_8O_8$），也就是維生素 C；醋裡含有醋酸（$C_2H_4O_2$），可以用來保存食物；此外很多清洗馬桶盆的清潔劑都含有鹽酸（HCl）；氣泡飲料含有碳酸（H_2CO_3），也有一些含有磷酸（H_3PO_4）。

鹼的特點是它們具有苦味和滑溜的感覺。很有趣的是，鹼本身並不滑溜，但會使皮膚上的油轉變成像肥皂般滑滑的溶液。清除堵塞的通廁劑，大都含有氫氧化鈉（NaOH，過去曾叫做灰汁），鹼性很強，濃度高時具有高危險性。鹼在工業上也用得非常的多。每一年在美國，氫氧化鈉的製造就有約 1130 萬噸，用於生產各種不同的化學物品、紙漿及造紙工業。含有鹼的溶液常稱爲鹼性的（alkaline），這個英文字來自阿拉伯語的「灰」（al-qali），我們曾在《觀念化學 I》的第2.6節見到這個字眼。灰裡面因爲有鹼性的碳酸鉀（K_2CO_3）存在，在濕的狀態下會有滑溜感。

常見的鹼有：使烘焙食物發脹的碳酸氫鈉（$NaHCO_3$）；灰燼裡的碳酸鉀（K_2CO_3）；肥皂是用油和鹼反應而成的，因此肥皂本身也

稍具鹼性；氫氧化鈉（NaOH）之類的強鹼，常用來清通堵塞。

酸和鹼可以用幾種方法來定義。我們選用的定義是 1923 年丹麥化學家布忍斯特（Johannes Brønsted, 1879-1947）和英國化學家羅瑞（Thomas Lowry, 1874-1936）所定義的。依據布忍斯特—羅瑞的定義，**酸**是可以施予氫離子（H^+）的任何化學物質；**鹼**是可以接受氫離子的任何化學物質。從《觀念化學 I》第 2 章知道，氫原子的單一個電子圍繞著只有一個質子的原子核。氫原子失去這個電子後，就只剩下一個孤單的質子。因此有時候也稱酸是可以給予質子的化學物，鹼是可接受質子的化學物。

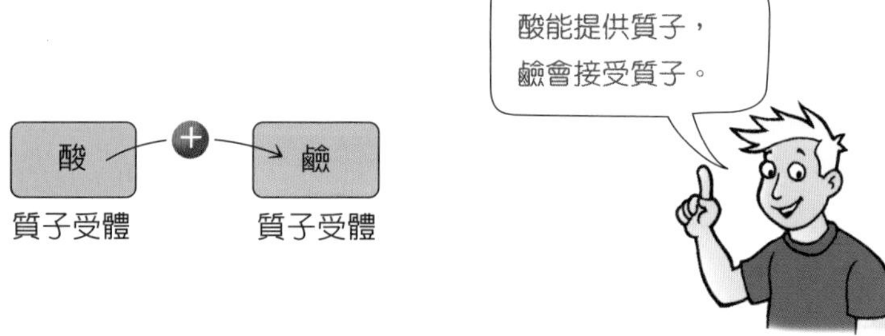

當氯化氫與水混合時，會發生什麼情況：

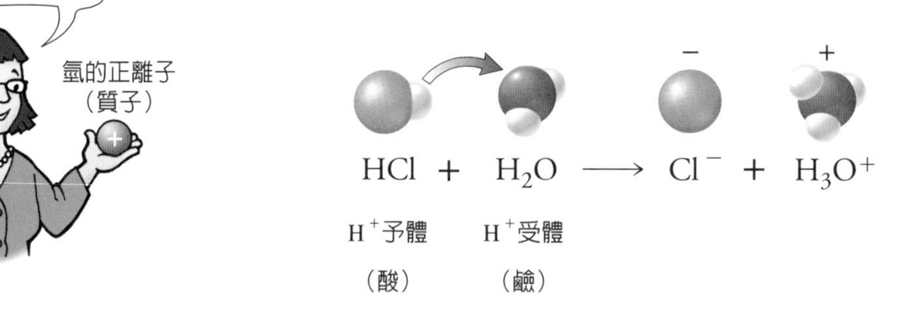

氯化氫把一個質子給了水分子的一個非鍵結電子對，讓氧接了三個氫。在這個情形下，氯化氫的作用就像酸（質子予體），而水就扮演鹼的角色（質子受體）。如圖 10.1 所示，這個反應的產物**鋞離子**（H_3O^+），是多了一個質子的水分子。

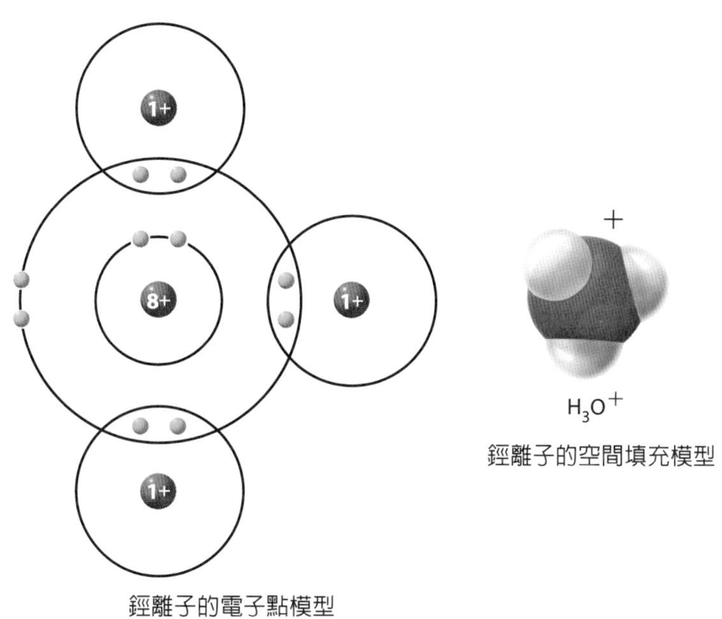

總質子數	11 +
總電子數	10 −
淨電荷	1 +

圖 10.1
鋞離子的正電荷，來自這個分子得到的一個額外質子。鋞離子是多原子離子，在很多酸鹼反應中都見得到，在《觀念化學II》第 6 章曾提到，多原子離子是帶有淨電荷的分子。

把氨添加到水中，氨的性狀就有如鹼，它的非鍵結電子從水接受一個氫離子，在這個情形下水的性狀就有如酸：

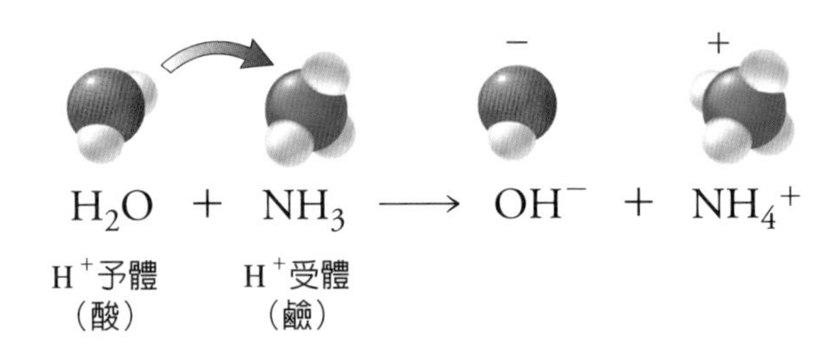

這個反應產生了銨離子和**氫氧根離子**，如圖 10.2 所示。

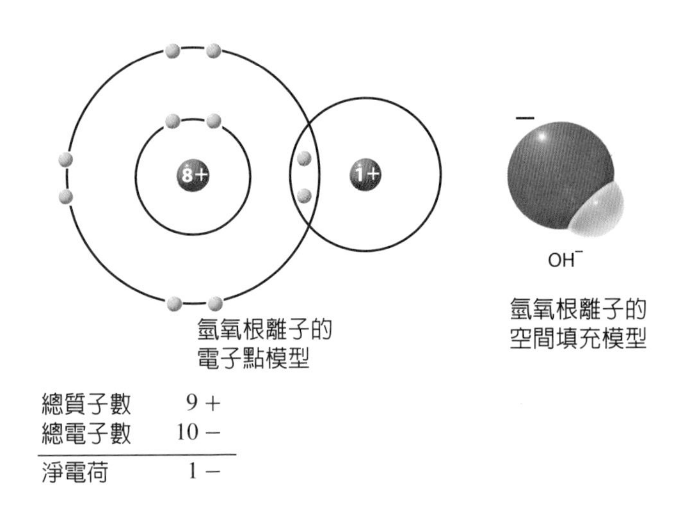

圖 10.2
氫氧根離子有一個淨負電荷，是它失去了一個質子所造成的。像鋞離子一樣，氫氧根離子在許多酸鹼反應裡都有扮演了重要的角色。

布忍斯特—羅瑞的定義有一個重要的特性，就是認爲酸、鹼是一種「性狀」的表現。例如，氯化氫與水混合時，氯化氫的性狀有如酸，而水的性狀就有如鹼。相似的道理，氨與水混合時，氨的性狀就有如鹼，水在此狀況下的性狀就有如酸。因爲酸、鹼是一種性狀，所以水可以在某種情況下是鹼，但在另一種情況下是酸。做一個譬喻，看看你自己，你是怎樣的人要看你是跟誰在一起，因爲你的行爲會隨環境改變。同理，水與氯化氫混在一起時，它的化學性質就有如鹼（接受 H^+），但水如果與氨混在一起，它的性狀就有如酸（施予 H^+）。

酸鹼反應的產物，性狀也有酸鹼之分。例如，銨離子會施予一個氫離子給氫氧根離子，再形成氨及水：

$$H_2O + NH_3 \longleftarrow OH^- + NH_4^+$$

OH^-：H^+受體（鹼）　NH_4^+：H^+予體（酸）

酸鹼反應可以同時進行正向和逆向的反應，因此可以同時使用兩個相反方向的箭頭：

$$H_2O + NH_3 \rightleftharpoons OH^- + NH_4^+$$

H_2O	NH_3	OH^-	NH_4^+
H^+予體（酸）	H^+受體（鹼）	H^+受體（鹼）	H^+予體（酸）

當上面這個方程式從左往右時，氨是鹼，因爲它從水那裡接受了一個氫離子，而水是酸。但如果從反方向來看，銨離子的性狀有如酸，因爲它把氫離子給了氫氧根離子，而氫氧根離子就有如鹼。

觀念檢驗站

指出下面這個方程式中，每一參與者的酸鹼角色：

$$H_2PO_4^- + H_3O^+ \rightleftarrows H_3PO_4 + H_2O$$

你答對了嗎？

在正向反應（從左至右）中，$H_2PO_4^-$ 獲得一個氫離子成爲了 H_3PO_4。$H_2PO_4^-$ 接受一個氫離子，所以性狀有如鹼，它是從 H_3O^+ 身上得到氫離子的，所以 H_3O^+ 有如酸。在逆向反應中，H_3PO_4 失去一個氫離子，成爲了 $H_2PO_4^-$，故性狀有如酸；接受氫離子的水轉化成 H_3O^+，水的性狀就像鹼。

鹽是酸鹼反應的離子產物

以日常用語來說，「鹽」這個字通常是指氯化鈉（NaCl），也就是食鹽。不過在化學用語中，**鹽**是通用的名詞，指的是酸與鹼反應產生的離子化合物。例如，氯化氫和氫氧化鈉反應會產生氯化鈉鹽和水：

$$HCl + NaOH \longrightarrow NaCl + H_2O$$

HCl	NaOH	NaCl	H_2O
氯化氫（酸）	氫氧化鈉（鹼）	氯化鈉（鹽）	水

相似的，氯化氫和氫氧化鉀反應會產生氯化鉀鹽和水：

$$HCl + KOH \longrightarrow KCl + H_2O$$

氯化氫（酸）	氫氧化鉀（鹼）	氯化鉀（鹽）	水

氯化鉀是「低鈉鹽」的主要成分，低鈉鹽中用氯化鉀替代氯化鈉。不過，使用這些產品時要小心，因爲過量的鉀鹽會導致嚴重的疾病。還有，鈉離子是我們飲食中不可或缺的成分，不能統統沒有。鈉鹽與鉀鹽這兩種我們身體中重要的離子，必須要有良好的平衡。

鹽類通常不像形成它們的酸與鹼那麼有腐蝕性，具有腐蝕性的化學品會分解材料或磨損表面。氯化氫是極具腐蝕性的酸，所以多用來清洗馬桶或蝕刻金屬表面。氫氧化鈉是非常有腐蝕性的鹼，用來清通堵塞的排水管。不過，混合等量的氯化氫和氫氧化鈉，產生的氯化鈉水溶液（食鹽水），就不再像它們一樣有破壞力。

鹽也像酸和鹼一樣有許多種。氰化鈉（NaCN）是致命的毒藥；「硝石」即硝酸鉀（KNO_3）是製造肥料和槍彈火藥的配方；氯化鈣（$CaCl_2$）是道路的除冰劑；氟化鈉（NaF）則可以防止蛀牙。這些由酸鹼反應形成的鹽，列示如次頁的表 10.1 。

酸和鹼的反應稱爲**中和反應**。表 10.1 的中和反應有顏色標誌，可以看出鹽的正離子是從鹼來的，負離子是從酸來的。氫氧根離子和氫則結合形成水。

並不是所有的中和反應都會形成水，例如在有氯化氫存在下，古柯鹼的性狀有如鹼，自氯化氫接受 H^+。氯化氫上負的Cl^-會接到古柯鹼的 H^+ 上形成鹽，即古柯鹼鹽酸鹽（cocaine hydrochloride），如

表 10.1 酸鹼反應和其所形成的鹽

酸		鹼		鹽		水
HCN 氰化氫	+	$NaOH$ 氫氧化鈉	⟶	$NaCN$ 氰化鈉	+	H_2O
HNO_3 硝酸	+	KOH 氫氧化鉀	⟶	KNO_3 硝酸鉀	+	H_2O
$2\,HCl$ 氯化氫	+	$Ca(OH)_2$ 氫氧化鈣	⟶	$CaCl_2$ 氯化鈣	+	$2\,H_2O$
HF 氟化氫	+	$NaOH$ 氫氧化鈉	⟶	NaF 氟化鈉	+	H_2O

圖 10.3 所示。這種古柯鹼鹽酸鹽可溶於水，由潮濕的鼻腔或口腔黏膜吸收。古柯鹼的非鹽類形態，即「快克古柯鹼」（crack cocaine）是非極性的物質，加熱時很容易揮發，揮發後直接吸入肺中，會在血液中造成有害的高濃度古柯鹼。我們將在《觀念化學 IV》第 14 章討論不同藥品的作用。

觀念檢驗站

Q 中和反應是化學變化，還是物理變化？

你答對了嗎？

A 在中和反應形成了新的化學物質，表示這種反應是化學變化。

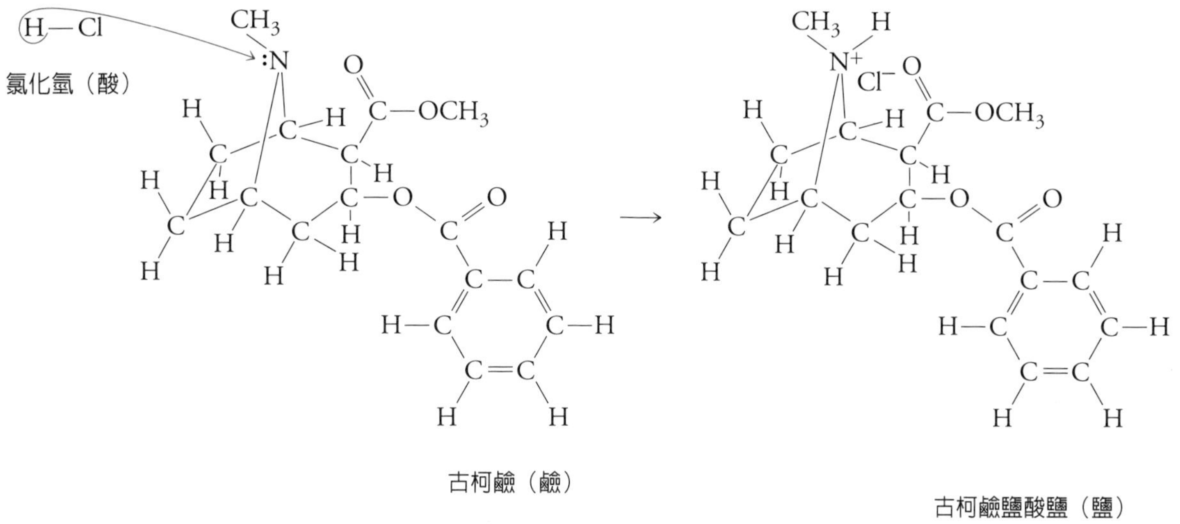

H—Cl

氯化氫（酸）

古柯鹼（鹼）

→

古柯鹼鹽酸鹽（鹽）

圖 10.3
氯化氫和古柯鹼反應形成鹽，即古柯鹼鹽酸鹽，因為它能溶於水，很容易經由濕潤的黏膜吸收進入人體內。

10.2 酸與鹼有強弱之別

通常，酸愈強，就愈容易施予質子；同樣的，鹼愈強，也愈容易接受氫離子。舉例來說，氯化氫（HCl）是強酸，而氫氧化鈉（NaOH）是強鹼，這些物質的腐蝕性就是它們的強度所致使的。

評估酸或鹼的強度的一種方法，是量測加入水後它本身還剩下多少的量。如果剩下得少，這個酸或鹼是強的；若剩下很多時，則

酸或鹼是弱的。要更清楚這種觀念，可看氯化氫這個強酸加入水中之後，或醋酸（$C_2H_4O_2$，醋的活性成分）這個弱酸加入水中後的情況。

氯化氫（HCl）是酸，它會把氫離子給水，形成氯離子和鋞離子。因爲氯化氫是強酸，所以反應後幾乎都會轉變成離子，如圖10.4所示

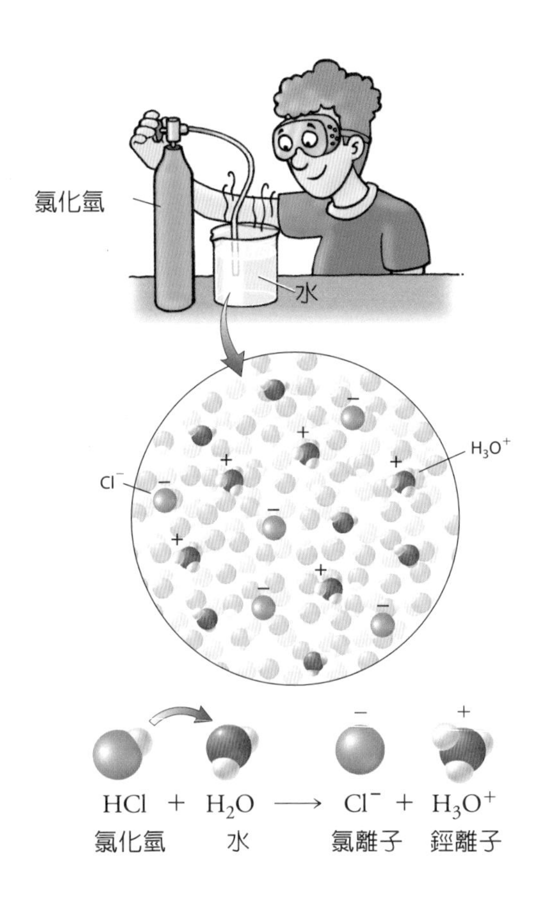

圖10.4
氯化氫是氣體，加入水中時會與水反應，形成氯離子和鋞離子。剩下的HCl很少（沒有顯示在這裡），這告訴我們HCl是強酸。

醋酸是弱酸，把氫離子給水的能力較弱。醋酸溶到水中時，只有少數的醋酸分子會變成離子，使極性的 O－H 鍵斷裂（因爲醋酸的C－H鍵是非極性的，所以不受水的影響）。大部分的醋酸分子，還是保持原先的非離子狀態，不受影響，如圖 10.5 所示。

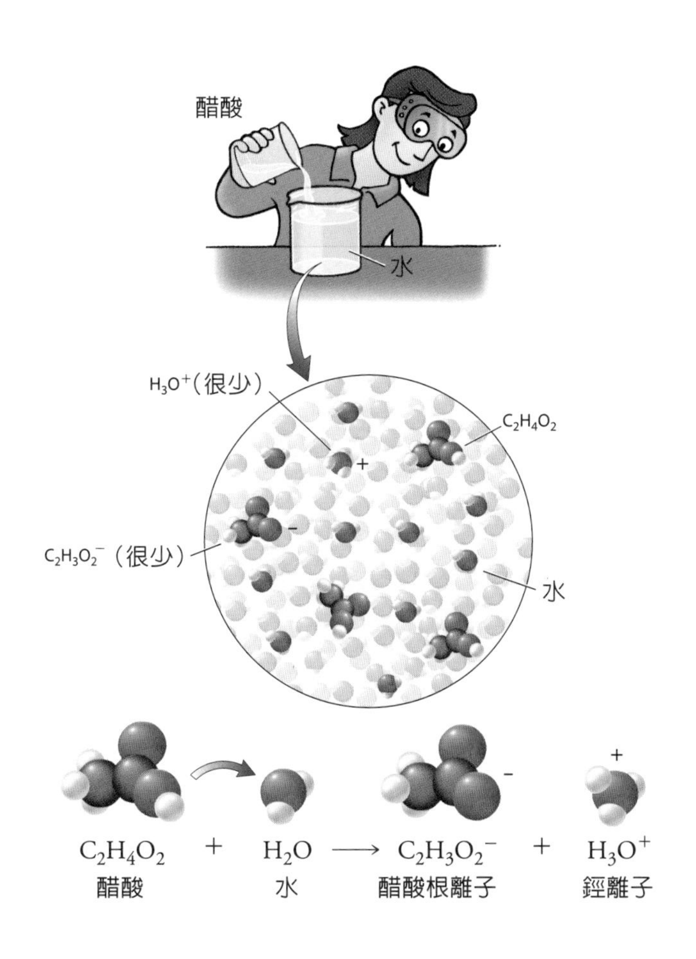

圖 10.5
醋酸加到水中後，只有少數醋酸分子和水反應形成離子，大部分的醋酸分子還是保持非離子狀態，不受影響。這告訴我們醋酸是弱酸。

圖 10.4 和圖 10.5顯示強酸和弱酸在水中的微觀行爲。不過，分子和離子小得無法看到，化學家是如何量測酸的強度呢？有一種方法是量測溶液的導電能力，就像圖 10.6 所示的。在純水中幾乎沒有離子可以導電。當強酸溶到水中後，產生了很多離子，如圖 10.4 所示。有了這些離子，就可使電流流動。弱酸溶於水中只會產生少量的離子，如圖 10.5 所示，而少量的離子只能產生小量的電流。

強鹼和弱鹼也有相同的趨勢。例如強鹼比弱鹼易接受氫離子。在水溶液中，強鹼會產生較大的電流，弱鹼只會產生小電流。

觀念檢驗站

根據下圖顯示，NH_3 與 NaOH，哪一種是強鹼？

NH_3　OH^-　NH_4^+　→　OH^-　Na^+

NH_3 的水溶液　　NaOH 的水溶液

你答對了嗎？

右邊的水溶液含有較多的離子，所以氫氧化鈉（NaOH）是強鹼。左邊的溶液中離子較少，所以氨（NH_3）是弱鹼。

(a)

(b)

(c)

圖10.6
(a) 純水無法傳導電，因為它幾乎不含離子。在線路中的燈泡無法點亮。
(b) 因為 HCl 是強酸，它的分子在水中幾乎都會分解，產生高濃度的離子，可以導電而使燈泡點亮。
(c) 醋酸是弱酸，在水中僅有一部分的分子分解成離子，因為產生的離子少，所以電流弱，燈泡黯淡。

強酸或強鹼的溶液不一定就有強腐蝕性。酸的腐蝕作用是鋞離子引起的，而不是產生這些鋞離子的酸。同樣的，鹼溶液的腐蝕性來自它所含的氫氧根離子，而不是產生氫氧根離子的鹼。稀的強酸或強鹼溶液，腐蝕性較小，因爲這些溶液中有較少的鋞離子或氫氧根離子（強酸或強鹼分子都會完全分解成離子，但因爲溶液很稀薄，酸和鹼的量很少，所以離子也很少）。因此，當你發現有一些牙膏配方上有少量的氫氧化鈉強鹼時，不要給嚇到了。

另一方面，弱酸（如醋酸）的濃溶液，也會有腐蝕性，腐蝕性甚至比強酸（如氯化氫）的稀溶液更強。

10.3 溶液可分為酸性、鹼性或中性

物質呈現酸性與鹼性的性狀，能力是相同的話，稱爲**兩性的**。水就是很好的例子，水可以和自己作用，在顯現出酸性方面，水分

子會給相鄰的水分子一個氫離子，而接受氫離子的相鄰水分子，行爲就像鹼。這種反應產生了氫氧根離子和鋞離子，這兩種離子會在反應裡重新形成水：

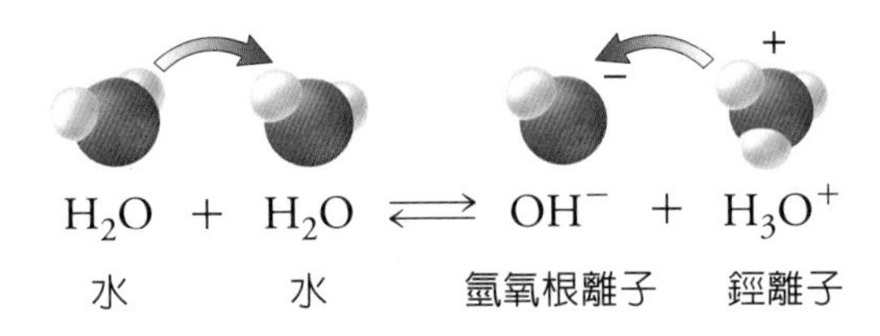

我們從這個反應中看到，水要得到一個氫離子，另一個水分子就必須失去一個氫離子。也就是每形成一個鋞離子時，也會形成一個氫氧根離子。因此在純水中，鋞離子的總數目一定等於氫氧根離子的總數目。由實驗知道，在純水中，鋞離子和氫氧根離子的濃度非常低，各約爲 0.0000001 M，M代表每公升的莫耳數，即莫耳濃度（見《觀念化學 II》第 7.2 節）。因此，水是非常弱的酸，也是非

觀念檢驗站

Q 水分子間會互相反應嗎？

你答對了嗎？

A 會的，但不是很大量的。當水分子間互相反應時，會形成鋞離子和氫氧根離子（注意：一定要徹底瞭解這一點，因爲這是本章以下說明的基礎）。

常弱的鹼，圖 10.6 中的燈泡無法點亮就是證據。

由進一步的實驗，發現了有關鋞離子和氫氧根離子在水溶液中濃度的有趣規則。水溶液中的鋞離子濃度和氫氧根離子濃度，乘積總是等於常數 K_w，這個常數非常的小：

$$\begin{aligned} H_3O^+ \text{ 濃度} \times OH^- \text{ 濃度} &= K_w \\ &= 0.00000000000001 \end{aligned}$$

濃度通常都用莫耳濃度表示，符號就是下面方程式的方括號：

$$[H_3O^+] \times [OH^-] = K_w = 0.00000000000001$$

本方程式用了方括號，唸成「H_3O^+ 的莫耳濃度乘上 OH^- 的莫耳濃度等於 K_w」。用科學記號（參照《觀念化學 I》的附錄 A），可以寫成

$$[H_3O^+]\,[OH^-] = K_w = 1.0 \times 10^{-14}$$

純水的 K_w 值等於鋞離子濃度（0.0000001 M），乘上氫氧根離子濃度（0.0000001 M），用科學記號可以寫成：

$$[1.0 \times 10^{-7}]\,[1.0 \times 10^{-7}] = K_w = 1.0 \times 10^{-14}$$

K_w 這個常數很重要，它表示不管水中溶解了什麼物質，鋞離子濃度和氫氧根離子濃度的乘積，總是等於 1.0×10^{-14}。也就是如果 H_3O^+ 的濃度增加，OH^- 的濃度就會減少，兩者的乘積總是保持在 1.0×10^{-14}。

舉例來說，假設少量的 HCl 加到水中，把鋞離子濃度提高到 1.0×10^{-5} M 時，氫氧根離子的濃度就會減少至 1.0×10^{-9} M。所以兩

者的乘積還是保持在 $K_w = 1.0 \times 10^{-14}$。

$$[H_3O^+][OH^-] = K_w = 1.0 \times 10^{-14}$$

$$\text{純水中} \quad [1.0 \times 10^{-7}][1.0 \times 10^{-7}] = K_w = 1.0 \times 10^{-14}$$

$$\text{加入 HCl} \quad [1.0 \times 10^{-5}][1.0 \times 10^{-9}] = K_w = 1.0 \times 10^{-14}$$

氫氧根離子的濃度會下降，是因爲水中的氫氧根離子，有一部分讓鋞離子（由 HCl 產生的）所中和，如圖 10.7b 所示的。同樣的，加鹼到水中會增加氫氧根離子的濃度，而鋞離子濃度的就會降低，因爲從水來的鋞離子讓由鹼產生的氫氧根離子中和，如圖 10.7c 所示。結果就是，鋞離子和氫氧根離子濃度的乘積，總是等於常數 $K_w = 1.0 \times 10^{-14}$。

觀念檢驗站

1. 在純水中，氫氧根離子的濃度是 1.0×10^{-7} M。那麼鋞離子的濃度是多少？
2. 在溶液中，如果氫氧根離子的濃度是 1.0×10^{-3} M的話，鋞離子的濃度是多少？

你答對了嗎？

1. 1.0×10^{-7} M，因爲在純水中，$[H_3O^+] = [OH^-]$
2. 1.0×10^{-11} M，因爲$[H_3O^+][OH^-]$一定會等於 $1.0 \times 10^{-14} = K_w$。

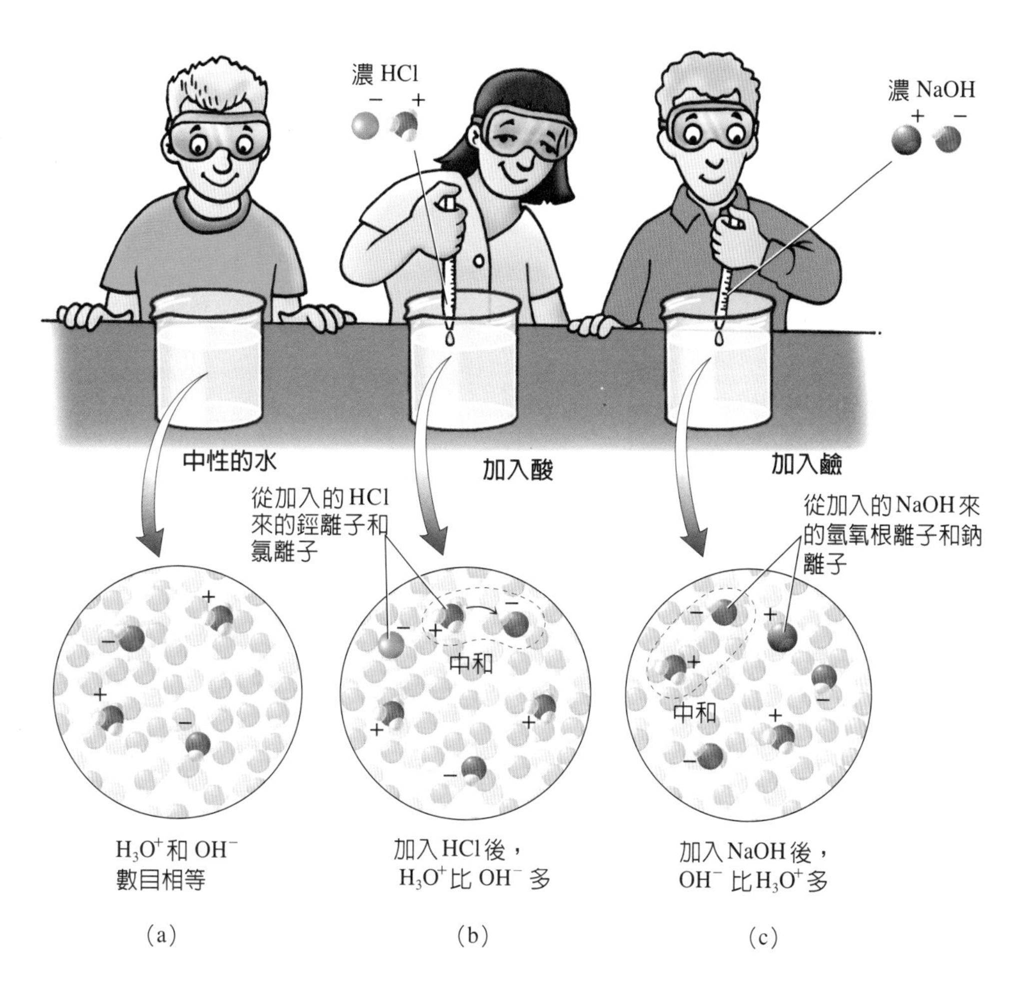

圖 10.7

(a) 在中性的水中，鋞離子和氫氧根離子的數目一樣多。

(b) 把 HCl 加到水中，從 HCl 來的鋞離子會中和水中來的氫氧根離子，降低了氫氧根離子的濃度。

(c) 如果把 NaOH 加入水中，則加入的氫氧根離子會和由水來的鋞離子中和，因而降低了鋞離子的濃度。

圖 10.8
鋞離子和氫氧根離子的相對濃度，決定了溶液是酸性、鹼性還是中性的。

在**酸性**溶液中，$[H_3O^+] > [OH^-]$
在**鹼性**溶液中，$[H_3O^+] < [OH^-]$
在**中性**溶液中，$[H_3O^+] = [OH^-]$

圖 10.8 對溶液是酸性、鹼性或中性的情形，做了整理。當溶液的鋞離子濃度大於氫氧根離子濃度，就是**酸性溶液**。酸性溶液是酸加入水中造成的。把酸加入水中會增加鋞離子的濃度，因而降低了氫氧根離子濃度。而當氫氧根離子濃度大於鋞離子濃度時，會產生**鹼性溶液**，這是把鹼加入水中所產生的。把鹼加入水中的效果，是

觀念檢驗站

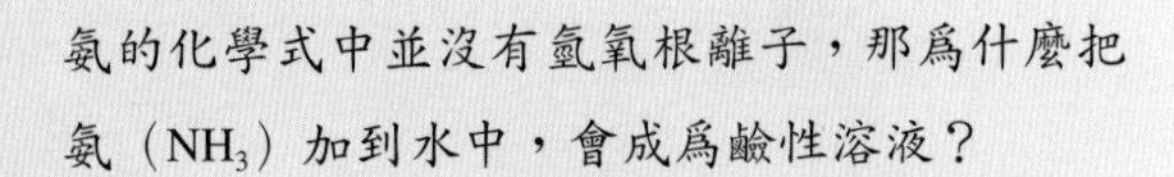

氨的化學式中並沒有氫氧根離子，那爲什麼把氨（NH_3）加到水中，會成爲鹼性溶液？

你答對了嗎？

氨與水反應，間接增加了氫氧根離子的濃度：

$$NH_3 + H_2O \rightarrow NH_4^+ + OH^-$$

這個反應提高了氫氧根離子的濃度，也降低了鋞離子的濃度。氫氧根離子的濃度高於鋞離子的濃度，所以溶液是鹼性的。

增加氫氧根離子的濃度，同時也會降低鋞離子濃度。鋞離子濃度等於氫氧根離子濃度時，會產生**中性溶液**，純水是其中一個例子，它含有的鋞離子與氫氧根離子並沒有較少，中性溶液是指溶液中這兩種離子的數目一樣。中性溶液可以經由等量的酸和鹼混合來得到，也就是爲什麼我們說酸和鹼會互相中和。

用 pH 值描述酸度

pH 尺標是用來描述溶液的酸度。在數學上，**pH 值**等於是把鋞離子濃度表示成以 10 爲底的對數，並取負值，即：

$$pH = -\log[H_3O^+]$$

注意，這裡的 $[H_3O^+]$ 讀成「鋞離子的莫耳濃度」。要瞭解對數函數，可參考接下來的化學計算題。

在中性溶液中，鋞離子的濃度爲 1.0×10^{-7} M。要算出這個溶液的 pH，我們就取這個值的對數，就是 -7。pH 的定義是這個對數值的負數，也就是 $-(-7) = +7$。所以，中性溶液的鋞離子濃度爲 1.0×10^{-7}M，pH 爲 7。

酸性溶液的 pH 值小於 7。例如，如果某酸性溶液的鋞離子濃度爲 1.0×10^{-4}M，則其 $pH = -\log(1.0 \times 10^{-4}) = 4$。溶液愈酸，鋞離子濃度就愈大，pH 值就愈小。

鹼性溶液的 pH 值大於 7。若某鹼性溶液的鋞離子濃度爲 1.0×10^{-8} M，則其 $pH = -\log(1.0 \times 10^{-8}) = 8$。溶液愈鹼，鋞離子濃度就愈小，pH 值反而會愈大。

圖 10.9 顯示出一些常見溶液的 pH 值。在第95頁的圖10.10 顯示出兩種常用的測定pH 值的方法。

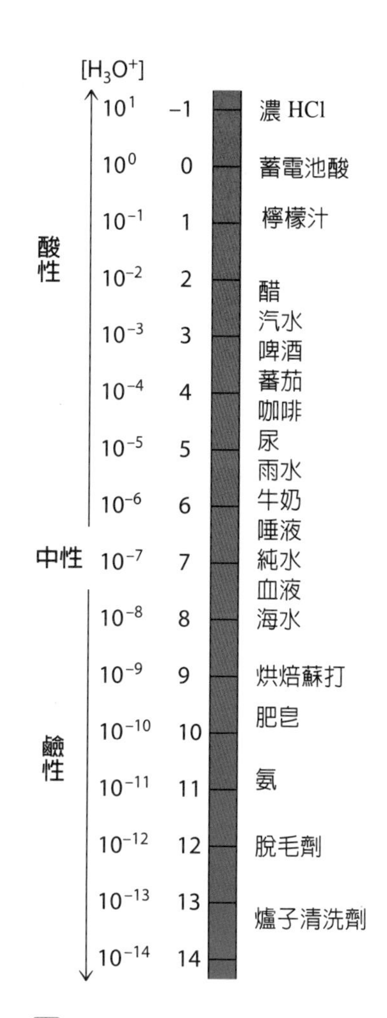

圖 10.9
常見溶液的 pH 值

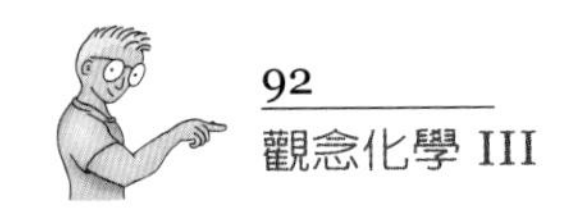

化學計算題：單位換算

例如，10^2的對數是2，因爲10自乘2次可以得到10^2；如果你知道10^2等於100，那你就知道100的對數也是2。你可用計算機來試試看。1000的對數是3，因爲10自乘3次是10^3，也就是1000。

任何正數，包括很小的數，都有對數。0.0001的對數 $= \log(1.0 \times 10^{-4}) = -4$（就是10自乘這個次數）。

例題：

0.01的對數是多少？

解答：

0.01是10^{-2}（見《觀念化學I》的附錄A），對數就是-2。

大部分溶液中的鋞離子濃度都甚小於1 M。記得嗎？中性水的鋞離子濃度是0.0000001 M，也就是1.0×10^{-7} M。而任何大於零、小於1的數，對數值都是負數。pH 值的定義是在求得鋞離子濃度的對數後，再加負號，所以10^{-7} M變換成 pH 值之後就是$+7$。

鋞離子濃度爲1 M的溶液，pH 值爲0，因爲$1\text{ M} = 10^0\text{ M}$。10 M的溶液，pH 值爲$-1$，因爲$10\text{ M} = 10^1\text{ M}$。

例題：

溶液的鋞離子濃度爲 0.001 M，它的pH 是多少？

解答：

0.001 就是 10^{-3}，所以

$$
\begin{aligned}
pH &= -\log[H_3O^+] \\
&= -\log 10^{-3} \\
&= -(-3) = 3
\end{aligned}
$$

■ 請你試試：

1. 10^5 的對數是多少？
2. 100,000 的對數是多少？
3. 溶液的鋞離子濃度爲 10^{-9} M，pH 值是多少？這個溶液是酸性、鹼性還是中性的？

■ 來對答案：

1. 「10^5的對數是多少？」換一種說法就是：「10的幾次方就是10^5？」答案是5。
2. 你知道100,000與10^5是相同的，所以100,000的對數是5。
3. pH 值是9，也就是鹼性溶液：

$$
\begin{aligned}
pH &= -\log[H_3O^+] \\
&= -\log[10^{-9}] \\
&= -(-9) \\
&= 9
\end{aligned}
$$

生活實驗室：多彩的甘藍菜

溶液的 pH 值可用 pH 指示劑大略得知，pH 指示劑含有會因 pH 而產生顏色變化的化學藥劑。很多 pH 指示劑是來自植物：紅色甘藍菜中的色素就是一個好例子。這種色素在低 pH 值（1至5）時是紅色的，在中性 pH 值（6至7）時是紫色的，溫和鹼性 pH 值（8至11）時是淡綠色的，而在強鹼性 pH 值（12至14）下是暗綠色的。

■ **安全守則：**

要配戴安全眼鏡。不要使用漂白劑，因為它們會氧化色素，使得 pH 的變化不敏感。也不要冒險去混合漂白劑和馬桶清潔液，因為混合後的溶液會產生有害的氯氣。

■ **請先準備：**

一球紅色甘藍菜、小罐子、水、四個無色的塑膠杯或玻璃杯、馬桶清潔液、醋、烘焙蘇打、氨清洗液。

■ **請這樣做：**

1. 切碎四分之一球的紅甘藍，把切碎的紅甘藍加 2 杯水煮沸 5 分鐘。過濾收集湯汁，裡邊就含有 pH 指示劑的色素。
2. 把湯汁各倒四分之一至各杯中（如果是用塑膠杯，要等湯汁冷了才倒，或用冷水沖淡）。
3. 加少量的馬桶清潔液至第一個杯子，少量的醋至第二個杯子，烘焙蘇打至第三個杯子，氨溶液至第四個杯子。
4. 看看每一種溶液顯現的不同顏色，來估計其 pH 值。
5. 把酸溶液和鹼溶液混合，注意它們 pH 值的快速變化（由顏色的變化來看）。

生活實驗室觀念解析

pH 指示劑的顏色變化並不是固定的。紅色甘藍菜汁使 pH 值到 4 時呈紅色，但溶液的 pH 值到 8 時則轉呈綠色，pH 值回到 4 時又恢復爲紅色。要展示這種變化，加一湯匙的烘焙蘇打到當初加入醋的玻璃杯中，溶液就會變成綠色了，（想想看，爲什麼加入烘焙蘇打會冒泡？）在加入醋後顏色又會轉成紅色。

還有另一個有趣的實驗。把整球紅甘藍煮沸約 20 分鐘，以獲得濃湯汁。放入幾湯匙的濃湯到一個透明的大玻璃容器中。注意湯的顏色，估計其 pH 值（萃取物是酸性的），然後很快的把水倒進此容器中，注意觀察顏色的變化。當你加入水時，顏色的變化告訴你 pH 值產生了什麼變化？pH 值是上升還是下降？爲什麼加純水進去，溶液的 pH 值會改變？

圖 10.10
(a) 溶液的 pH 值可以用電子的 pH 計來量測。
(b) 粗略估計溶液的 pH 值可以用石蕊試紙來測紙，它上面塗了可以因 pH 值而改變顏色的染料。

10.4 雨水是酸的，海水是鹼的

雨水本來就是酸性的，酸性的來源之一是二氧化碳（CO_2），對，就是汽水裡冒泡的那種氣體。在大氣中的 CO_2 有 6,700 億噸，大

部分的天然來源是火山、腐化的有機物，以及從愈來愈多的人類活動中得來。

大氣中的水與二氧化碳反應成碳酸：

$$CO_2(g) + H_2O(\ell) \longrightarrow H_2CO_3(aq)$$

二氧化碳　水　碳酸

碳酸如名稱所示，性狀如酸，會降低水的 pH 值。大氣中的 CO_2 會使雨水的 pH 值降到 5.6 左右，明顯低於中性 pH 值 7。因為地區性的變動，雨水的 pH 值通常在 5 至 7 左右。雨水的天然酸性可能會加速土壤的侵蝕，條件對的話，會導致地下洞穴的形成。

一般而言，酸雨是指 pH 值小於 5 的雨。酸雨是空氣的汙染物造成的，如二氧化硫受大氣中的水氣吸收，二氧化硫很容易轉化成三氧化硫，三氧化硫再與水反應形成硫酸：

$$2\,SO_2(g) + O_2(g) \longrightarrow 2\,SO_3(g)$$

二氧化硫　氧　三氧化硫

$$SO_3(g) + H_2O(\ell) \longrightarrow H_2SO_4(aq)$$

三氧化硫　水　硫酸

就像在本章開頭所說的，硫酸促使卡爾士巴德大洞穴的形成，硫酸是來自地下化石燃料沈積層的三氧化硫（以及二氧化硫）。當我們燃燒化石燃料，會產生硫酸的反應物就排放到了大氣中。舉例來說，每一年因為燃燒含硫的煤炭和石油而排放到大氣中的 SO_2，就有 2 千萬噸。硫酸比碳酸還要酸，摻了硫酸的雨水會腐蝕金屬、油漆與其他暴露在外的東西，每一年都會造成數十億美元的損壞。環境付出的代價實在太高，很多河流和湖泊因爲受酸雨危害，漸漸不適於生物活存、很多植物也因酸雨侵襲而無法生存，這種情況在高度工業化的地區尤其明顯。

觀念檢驗站

Q

當硫酸（H_2SO_4）加到水中之後，是什麼使硫酸水溶液具有腐蝕性？

你答對了嗎？

A

因爲H_2SO_4是強酸，當它溶在水中時很容易形成鋞離子，鋞離子是造成腐蝕作用的禍首。

如次頁圖 10.11 顯示，酸雨對環境的影響依地區的地質而異。在某些地區，如美國中西部，土質含有大量的鹼性化合物碳酸鈣（石灰石），這是兩億年前的地表淹沒在海底，沈積而成的。酸雨下降到這些地區，會先受碳酸鈣中和，因此不會造成損害。不過，在美國東北部等地，土壤主要是由化學活性較小的物質，如花崗石所組成的，其中的碳酸鈣很少。在這些地區，酸雨對河流與湖泊的影響會日積月累的增加。

這個問題有一項解決方案，就是在河流和湖泊中加入石灰石（碳酸鈣）來提高它的 pH 值，這種方法叫浸灰法（liming）。運送碳酸鈣的成本，加上必須密切監控處理水系統，使得浸灰法只能小規

圖 10.11
(a) 淡水湖泊的河床如果有碳酸鈣層，就不受酸雨的損害，因為碳酸鈣層會中和酸性。
(b) 如果河流或湖泊的河床上的是惰性物質，則會受酸雨侵蝕。

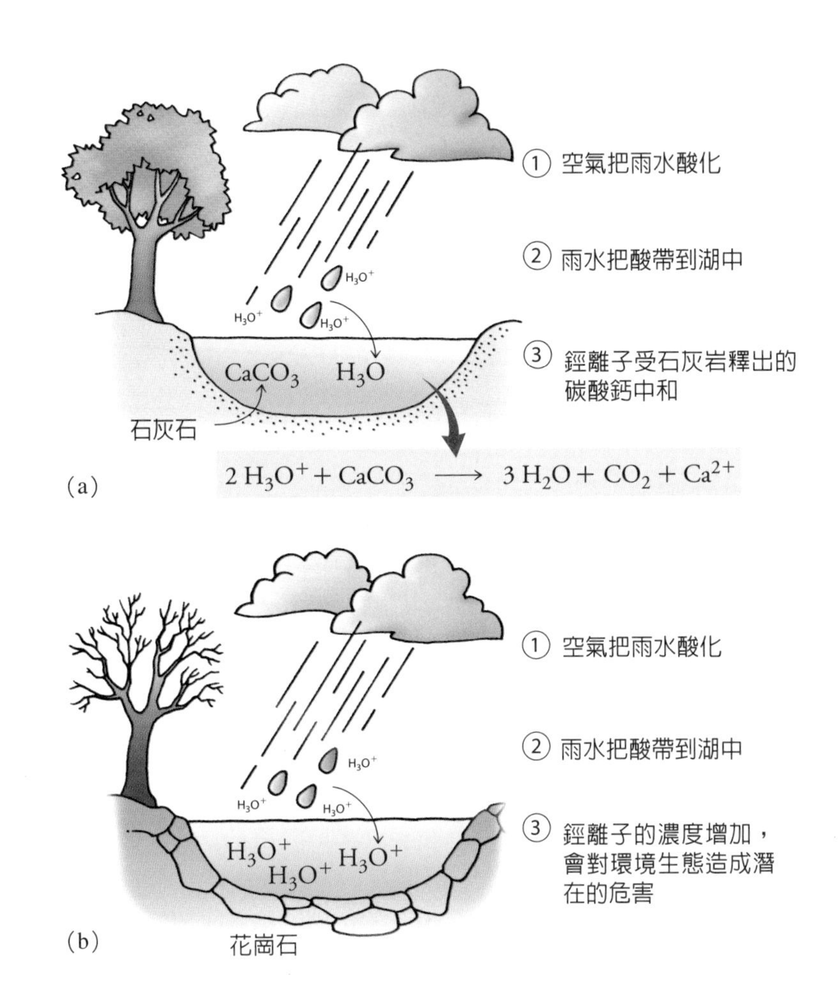

模實施，無法對已經受影響的水系統廣泛來做。還有，只要酸雨仍繼續下降到這些地區，浸灰法還得繼續實施。

要親眼見到碳酸鈣中和酸的情況，可以用粉筆來做實驗，大部分的粉筆是用碳酸鈣製成的，與構成石灰石的化合物相同。把酸加入粉筆裡看有什麼反應。即使是醋酸之類的弱酸，也會產生鋞離子，鋞離子會和碳酸鈣產生幾種產物，最常見的是二氧化碳，二氧化碳會很快的從溶液中冒泡出來。你可以親自試試看！如果沒有激烈的冒泡，那麼你拿到的粉筆應該是其他的礦物化合物做成的。

要想長期解決酸雨問題，最重要的是避免大部分的二氧化碳與其他汙染物進入大氣中。在這方面，要重新設計煙囪，盡量減少汙染物的排放量。雖然會花費不少成本，但這種調整的效果已經出現了，我們將在《觀念化學 V》第 17.2 節討論。不過，最徹底的解決方法是用較乾淨的能源來替代化石燃料，如核能或太陽能等等，我們會在《觀念化學 V》第 19 章中討論。

觀念檢驗站

Q　哪一類湖泊不受酸雨的負面影響？

你答對了嗎？

A　如果湖泊的底部是鹼性礦物（如石灰石）構成的，就比較容易抵抗酸雨，因爲石灰石含的化合物〔大部分是碳酸鈣（$CaCO_3$）〕可以中和侵入的酸。

因爲人類的活動，致使排放到大氣中的二氧化碳量愈來愈多，這是意料中事。不過讓人驚訝的是根據研究，大氣中 CO_2 的濃度並非成比例增加。其中可能的解釋是與海洋有關，如次頁圖 10.12 所示。當大氣的 CO_2 溶解到雨滴、湖泊或海洋等任何水體中，就會形成碳酸。在淡水中，碳酸會轉化回水和二氧化碳，再釋回大氣中。不過海洋中的碳酸，會很快受海水的鹼性物質（如碳酸鈣）中和（海洋是鹼性的，pH 值大約爲 8.2），中和反應的產物最後會沈落到海床上，成爲不溶的固體。海洋中的碳酸中和作用，阻止了 CO_2 再釋回大氣的機會。所以海洋是二氧化碳的盛槽，大部分的 CO_2 進入後就不再跑出去；把更多的 CO_2 放到大氣中，就是把更多的 CO_2 放到廣大的海洋中。這是海洋調節全球環境的許多方式之一。

不論如何，就像圖 10.13 所示，大氣中的 CO_2 濃度一直在增加，二氧化碳產生的速度比海洋可以吸收的還快，這種情形可能會改變我們的環境。二氧化碳是溫室氣體，它會阻止紅外線逃回外太空，使地球表面一直保持溫暖。如果大氣中沒有溫室氣體，地球表面的平均溫度將固定保持在 − 18℃。不過，大氣中 CO_2 濃度增加，我們就會有較高的平均溫度。較高的溫度也許會顯著改變全球的氣候模式，也會升高海平面，因爲熱膨脹使兩極冰帽溶解，使得海水

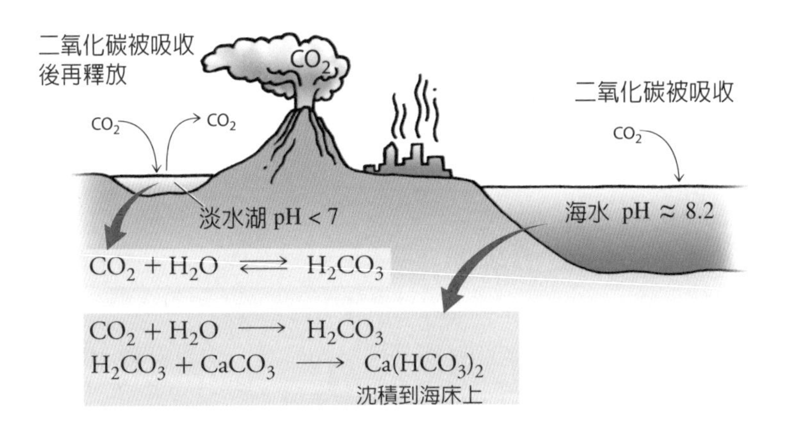

圖 10.12
二氧化碳進入水中形成碳酸。在淡水中，這種反應是可逆的，二氧化碳會再釋回大氣中。在鹼性的海洋中，碳酸會讓碳酸氫鈣（$Ca(HCO_3)_2$）之類的化合物中和，沈積到海床上。結果大氣中的二氧化碳一旦進入海洋中，就停留在那兒了。

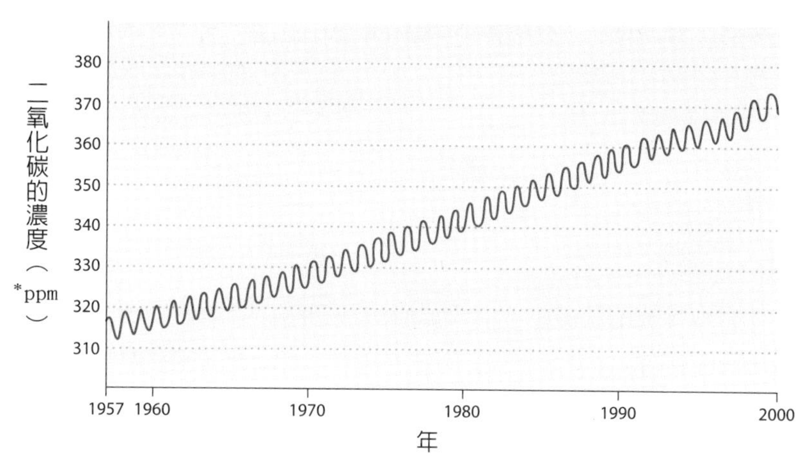

*ppm ＝ 百萬分之一，在這裡告訴我們每一百萬個空氣分子中有多少個二氧化碳的分子。

圖10.13
（夏威夷茂納羅亞氣象觀測站（Mauna Loa Weather Observatory）的研究員記錄了大氣中二氧化碳的濃度，紀錄顯示自1950 年代開始，二氧化碳的濃度一直在增加，圖中的上下變動表示CO_2的量隨季節變化。

量增加。有關全球增溫的問題將會在《觀念化學 V》第 17.4 節中進一步討論。

在此我們發現雨的 pH 值與大氣中 CO_2 的濃度有關，而大氣中的 CO_2 濃度與海洋的 pH 值有關。這些系統互與全球溫度相關，自然也牽涉到地球上的無數生命體系。真的是這樣！各因素都錯綜糾結，即使小至原子與分子的層次也是如此。

10.5 緩衝溶液會阻抗 pH 值的改變

緩衝溶液是可以阻抗 pH 值大幅變化的溶液。它含兩種成分，其中一種可以中和加入的鹼，另一種可以中和加入的酸。緩衝溶液的製備是混合一種弱酸以及這個弱酸的鹽類。例如混合醋酸（$C_2H_4O_2$）與醋酸鈉（$NaC_2H_3O_2$）。醋酸鈉這個鹽是醋酸與氫氧化鈉反應而得的。

$$H_3C{-}C(=O){-}O{-}H + NaOH \longrightarrow H_3C{-}C(=O){-}O^{-}Na^{+} + H_2O$$

醋酸（弱酸）　　　醋酸鈉（弱酸鹽）

製造緩衝溶液，就要混合醋酸溶液和醋酸鈉溶液。要瞭解緩衝溶液如何阻抗 pH 值的改變，先回想強酸加到中性水中的情形，如圖 10.7b。溶液中因爲鋞離子的濃度增加，pH 值會很快的變小。當強鹼加到中性水中，因爲相對的鋞離子濃度減少，pH 值會急遽增加，如圖 10.7c 所示。

不過，把強酸（HCl）加到醋酸—醋酸鈉緩衝溶液中，HCl 產生的 H^+ 離子並不留在溶液中來降低 pH 值，它們會與醋酸鈉的醋酸根離子（$C_2H_3O_2^-$）反應，形成醋酸，如圖 10.14 所示（要記得，醋酸

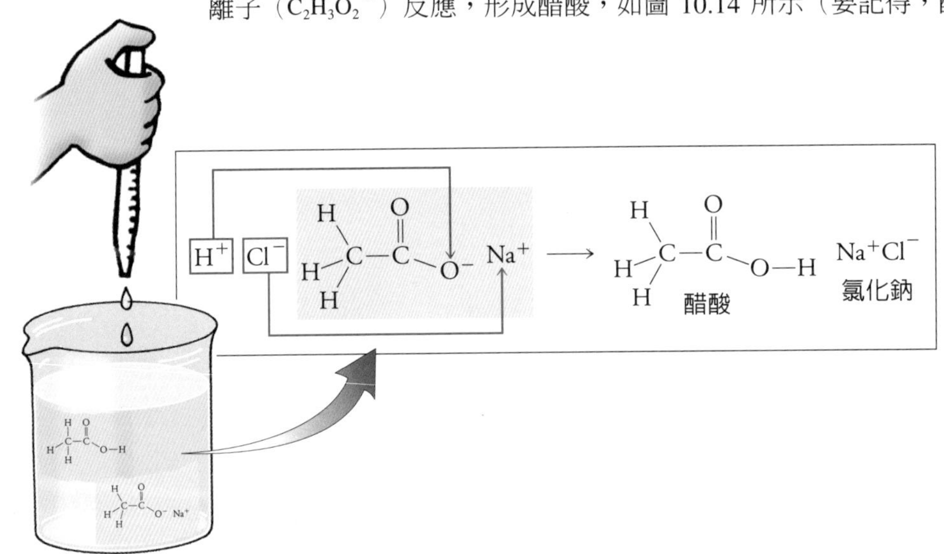

圖 10.14
加到醋酸—醋酸鈉溶液中的鹽酸，受醋酸鈉中和形成另外的醋酸。

是弱酸，大都保持 $HC_2H_3O_2$ 的分子形式，不會對溶液的鋞離子有多大的影響）。至於把強鹼（NaOH）加到醋酸—醋酸鈉緩衝溶液中，NaOH 產生的 OH^- 離子也不留在溶液中使 pH 值升高，而會與醋酸來的 H^+ 形成水，如圖 10.15 所示。

所以，強酸或強鹼都讓緩衝溶液中的成分中和了。不過這並不意味 pH 值會維持不變。如上面所舉的例子，把 NaOH 加到醋酸—醋酸鈉緩衝溶液中，會產生醋酸鈉。因為醋酸鈉的作用有如弱鹼（它能稍微接受氫氧根離子），所以 pH 值會略微增加。在醋酸—醋酸鈉緩衝溶液中加入 HCl 後會產生醋酸。因為醋酸是弱酸，會使 pH 值稍微下降。緩衝溶液僅是阻緩 pH 值有大幅變化而已。

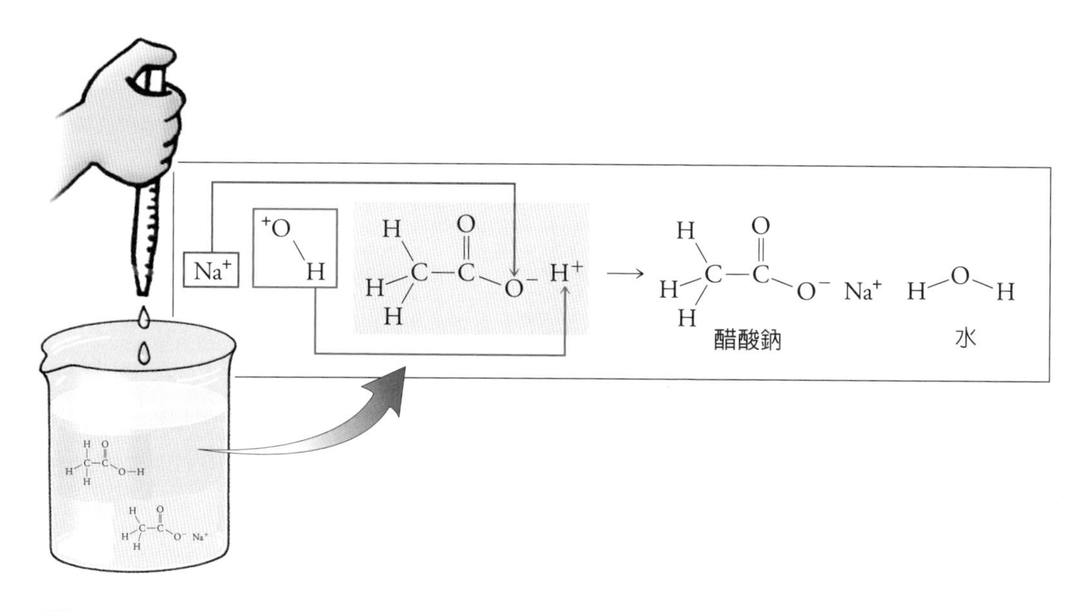

圖 10.15
加到醋酸—醋酸鈉溶液中的氫氧化鈉，受醋酸中和形成另外的醋酸鈉和水。

觀念檢驗站

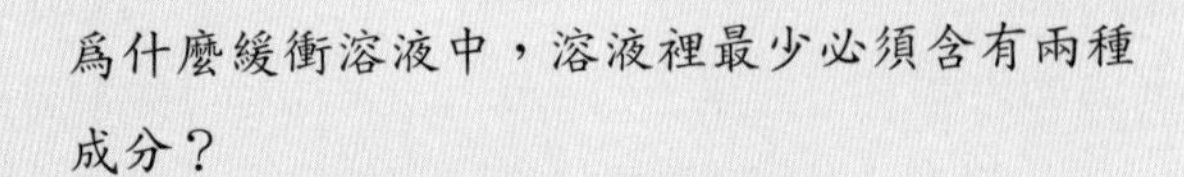

為什麼緩衝溶液中，溶液裡最少必須含有兩種成分？

你答對了嗎？

一種要中和加進來的酸，另一種則要中和加進來的鹼。

有很多有用的緩衝溶液系統可以維持特定的 pH 值。醋酸—醋酸鈉溶液是用來維持 pH 值在 4.8 左右。緩衝溶液包含等量的弱鹼與這種弱鹼的鹽類，可以使 pH 值維持在鹼性的範圍。例如，要維持 pH 值在 9.3 附近，使用弱鹼的氨（NH_3）與氯化銨（NH_4Cl）緩衝溶液，會很有用。

血液有一些緩衝系統在共同作用，所以血液的 pH 值才能維持在 7.35 至 7.45 這個小範圍內。pH 值高於或低於這個範圍，將會使人致命，主要是會使細胞蛋白質變質，蛋白質變質的情況就像是把醋加到牛奶上一樣。

血液的主要緩衝系統是碳酸和碳酸氫鈉的組合，如圖 10.16 所示。血液中如有酸積蓄，就會受碳酸氫鈉的鹼性中和，而若有鹼積蓄，則會受碳酸中和。

你血液中的碳酸來自二氧化碳，主要是細胞產生的二氧化碳跑到血液裡與水反應而成。這與我們稍早討論的雨滴反應一樣。你可以用呼吸的快慢來微調血液中的碳酸，也就是你血液的 pH 值，如圖

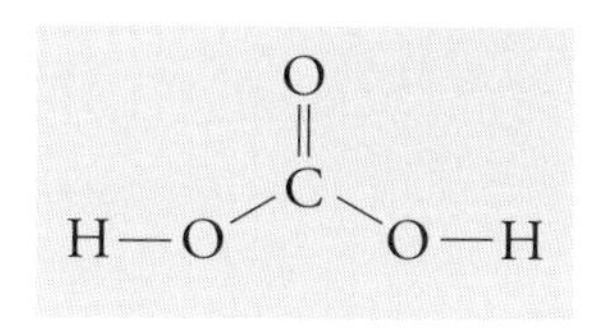

碳酸（弱酸）

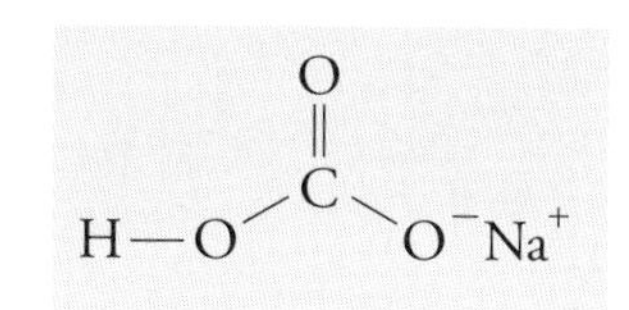

碳酸氫鈉（鹽）

圖10.16
碳酸與碳酸氫鈉

10.17所示。呼吸太慢或憋住氣，CO_2 會積蓄在血液中，因此增加碳酸的量，使血液中的 pH 值有些微但顯著的降低。過度換氣會減少血液中碳酸的量，會使血液的 pH 值有些微但顯著的增加。

身體利用這種機制來保護血液，以免 pH 值過度改變。例如，使用過量的阿斯匹靈會產生過度換氣的症狀。阿斯匹靈就是乙醯水楊酸（acetylsalicylic acid），是酸性物質，服用過量會壓制血液的緩衝系統，使血液 pH 值急速降低，造成危險。不過雖然體內有過多的酸性阿斯匹靈，當你過度換氣時，身體會損失碳酸，幫助你維持正常的血液 pH 值。

圖10.17
（a）吸氣後憋住，CO_2 會積蓄在血液中，因此增加碳酸的量，使血液的 pH 值降低。
（b）過度換氣時，血液中的 CO_2 會減少，因而減少碳酸的量，使血液的 pH 值增加。

想一想，再前進

本章的概念，可以用園丁的做法來綜合介紹。園丁會使用量測 pH 值的工具，如果發現土壤的 pH 值過低，不符合標準，這也許是當地大氣汙染造成的，而大氣汙染可能是自然或是人爲的原因產生的。在這種低 pH 值下，土壤含有過多的鋞離子，它們和土壤中的鹼性養分（例如氨）反應，形成水溶性鹽。因爲這些鹽是水溶性的，養分因此很容易受雨水沖刷流失，土壤就變貧瘠了。植物吸收留在土壤中的養分，機制還是一樣的，只是受土壤中的低 pH 值干擾了。

因爲這個原因，大部分的植物在酸性土壤中生長得不好。爲了補救這種情況，園丁會灑下粉狀的石灰，也就是碳酸鈣（$CaCO_3$）用來中和鋞離子，使 pH 值提高到中性的範圍。

很有趣的，碳酸鈣與酸性土壤反應形成的二氧化碳氣體，進入大氣中會促使雨水有些微的酸性。我們身體細胞也會產生同樣的二氧化碳氣體，使血液趨向酸性。不過，血液的 pH 值，因爲有緩衝系統，所以能夠保持在 7.4 左右。

關鍵名詞

酸 acid：能給予氫離子的物質。（10.1）

鹼 base：接受氫離子的物質。（10.1）

鋞離子 hydronium ion：又稱水合質子，由水分子接受一個氫離子所形成的。（10.1）

氫氧根離子 hydroxide ion：由水分子失去一個氫離子所形成的。（10.1）

鹽 salt：酸鹼反應中所產生的一種離子化合物。（10.1）

中和反應 neutralization：酸鹼結合形成鹽的反應。（10.1）

兩性的 amphoteric：形容某物質可以有酸的性狀也可以有鹼的性狀。（10.3）

酸性溶液 acidic solution：鋞離子濃度比氫氧根離子濃度高的溶液。（10.3）

鹼性溶液 basic solution：氫氧根離子的濃度比鋞離子濃度高的溶液。（10.3）

中性溶液 neutral solution：鋞離子濃度和氫氧根離子濃度相同的溶液。（10.3）

pH值：用以顯示溶液的酸度，相當於把鋞離子濃度取 log 對數值（以10爲底數），再把所得數字加上負號。（10.3）

緩衝溶液 buffer solution：可以抵抗 pH 值大幅改變的溶液，是由弱酸及其鹽或是弱鹼及其鹽所構成的。（10.5）

延伸閱讀

1. http://www.nps.gov/cave/index.htm
   http://www.carlsbad.caverns.national-park.com/info.htm
   http://www.nps.gov/maca
   http://www.mammoth.cave.national-park.com/info.htm
   可以進入這些網站查詢卡爾士巴德洞穴國家公園或馬默斯洞穴國家公園的詳細資料，也可知道這些地底的地型是如何形成的，並可獲得充分的旅遊資訊。

2. http://www.epa.gov

   http://www.epa.gov.tw/main/index.asp
   進入美國或台灣的環保署主頁，在其中以酸雨為關鍵字進行尋搜，可以找到許多這方面的資料。

3. http://mlso.hao.ucar.edu/cgi-bin/mlso_homepage.cgi
   此網站列出在茂納羅亞氣象觀測站「氣候監控」（Climate Monitoring）及「診斷實驗室」（Diagnostic Laboratory）做的有關大氣的專題。也可連接到偵測平流層改變的網站。

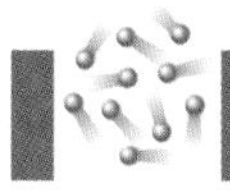

第10章 觀念考驗

關鍵名詞與定義配對

酸	鋞離子
酸性溶液	氫氧根離子
兩性的	中性溶液
鹼	中和反應
鹼性溶液	pH值
緩衝溶液	鹽

1. ______：能給予氫離子的物質。
2. ______：能接受氫離子的物質。
3. ______：又稱水合質子，由水分子接受一個氫離子而形成。
4. ______：由水分子失去一個氫離子而形成。
5. ______：酸鹼反應中所產生的一種離子化合物。
6. ______：酸鹼結合形成鹽的反應。
7. ______：形容某物質可以有酸的性狀也可以有鹼的性狀。
8. ______：鋞離子濃度比氫氧根離子濃度高的溶液。
9. ______：氫氧根離子的濃度比鋞離子濃度高的溶液。
10. ______：鋞離子濃度和氫氧根離子濃度相同的溶液。
11. ______：用以顯示溶液的酸度，相當於把鋞離子濃度取 log 對數值（以10爲底數），再把所得數字加上負號。

12. ______ 可以抵抗 pH 值大幅改變的溶液，是由弱酸及其鹽或是弱鹼及其鹽所構成的。

分節進擊

10.1 酸會給出質子，鹼會接受質子

1. 依據布忍斯特－羅瑞的定義，何謂酸、何謂鹼？
2. 當酸溶解於水中，水的離子形式是什麼？
3. 當化學物質失去氫離子時，它的性狀是酸還是鹼？
4. 鹽類都含有鈉離子嗎？
5. 中和反應中牽涉到哪兩類化學物質？

10.2 酸與鹼有強弱之別

6. 如果說一種酸在水溶液中是強酸，這是什麼意思？
7. 當強酸與水混合後，它大部分的分子會發生什麼情況？
8. 爲什麼雖然濃度一樣，強酸溶液的導電性會比弱酸溶液好？
9. 強鹼與弱鹼，哪一個較容易接受氫離子？
10. 在什麼情形下，弱鹼溶液的腐蝕性會比強鹼溶液大？

10.3 溶液可分為酸性、鹼性或中性

11. 化學品可不可能在某一種情形下是酸，而在另一種情形下卻是鹼？
12. 水是強酸還是弱酸？

13. K_w是很大的數目，還是很小的數目？
14. 水溶液中H_3O^+離子的濃度增加時，OH^-離子的濃度會怎樣？
15. 在酸性溶液中，鋞離子和氫氧根離子的相對濃度怎樣？在中性溶液裡呢？在鹼性溶液中呢？
16. 溶液中的 pH 值指的是什麼？
17. 溶液中的鋞離子增加時，溶液的 pH 值會增加還是減少？

10.4 雨水是酸的，海水是鹼的

18. 二氧化碳與水反應後會變成何種產物？
19. 為何酸性的雨水，並不一定是酸雨？
20. 二氧化硫與酸雨有什麼關係？
21. 人們是怎麼產生二氧化硫這種空氣汙染物的？
22. 把碳酸鈣加入湖泊有什麼作用？
23. 人類的活動會使二氧化碳增加，但為什麼大氣中的二氧化碳含量不如預期增加得快？

10.5 緩衝溶液會阻抗 pH 值的改變

24. 緩衝溶液是什麼？
25. 強酸加在水裡會使 pH 值很快下降，然而加到緩衝溶液中卻不會，為什麼？
26. 緩衝溶液是抑制還是禁止 pH 值的改變？
27. 為什麼我們血液的 pH 值要維持在狹窄的範圍裡？
28. 為什麼憋住呼吸會使血液的 pH 值降低？

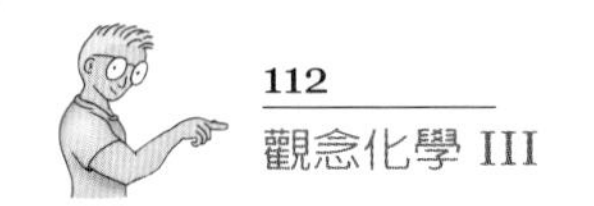

高手升級

1. 請解釋爲什麼以前人們曾用灰燼來洗手？
2. 氫氧根離子和水分子有什麼關係？
3. 酸和鹼反應形成鹽，鹽含有正離子與負離子，形成正離子的是酸還是鹼？而形成負離子的呢？
4. 酸和鹼反應會形成水。爲什麼水不是鹽？
5. 在這些反應中指認出各物質進行的是酸或鹼的行爲：
   a. $H_3O^+ + Cl^- \rightleftarrows H_2O + HCl$
   b. $H_2PO_4 + H_2O \rightleftarrows H_3O^+ + HPO_4^-$
   c. $HSO_4^- + H_2O \rightleftarrows H_3O^+ + SO_4^{2-}$
6. 在這些反應中指認出各物質進行的是酸或鹼的行爲：
   a $HSO_4^- + H_2O \rightleftarrows OH^- + H_2SO_4$
   b. $O^{2-} + H_2O \rightleftarrows OH^- + OH^-$
7. 氫氧化鈉（NaOH）是強鹼，很容易接受氫離子。當氫氧化鈉從水分子接受一個氫離子時，會形成何種產物？
8. 酸和鹼互相中和以後，它們的腐蝕性有何改變？爲什麼？
9. K_w的值如何說明水分子間的反應程度？
10. 爲什麼我們用pH尺標來標示溶液的酸性，而不是用溶液的鋞離子濃度來標示酸性？
11. 兩個水分子間的兩性反應是吸熱的，也就是這個反應需要加熱才能進行：

$$\text{能量} + H_2O + H_2O \rightarrow H_3O^+ + OH^-$$

水愈溫熱，就有愈多的熱給反應，所以形成的鋞離子和氫氧根離子就更多。

a. 溫度提高以後，K_w的值會增加、減少還是維持一樣？

b. 哪一個的 pH 值較低：熱的純水，還是冷的純水？

c. 中性水的 pH 值可不可能小於或大於7.0？

12. pOH 的尺標表示溶液的「鹼性」，即pOH ＝ － log [OH^-]。不管何種溶液，pH ＋ pOH的和都會等於什麼？
13. 當溶液的鋞離子濃度等於每公升 1 莫耳時，此溶液的 pH 值是多少？此溶液是酸性還是鹼性的？
14. 如果溶液的鋞離子濃度等於每公升 2 莫耳，此溶液的 pH 值是多少？此溶液是酸性還是鹼性的？
15. 如果溶液的 pH 值是 －3，它的鋞離子濃度是多少？爲什麼這個溶液無法配製出來？
16. 酸性溶液中加入純水後，pH 值會怎樣？
17. 弱酸加到鹽酸的濃溶液中，溶液的酸性會更強還是更弱？
18. 汽水失去二氧化碳後，pH 值會怎樣？
19. 爲什麼一小塊粉筆可抒解酸的侵蝕？
20. 你能不能不看標籤，就說出你的牙膏是否含有碳酸鈣（$CaCO_3$）或烘焙蘇打（$NaHCO_3$）？
21. 爲什麼湖泊底下是花崗岩時，比石灰岩湖底更容易受酸雨酸化？
22. 減少引起酸雨的汙染物是解決湖泊酸化問題的一種方法，請再提出其他方法。
23. 爲什麼溫暖的海洋會加速全球增溫？
24. 碳酸氫鈉（$NaHCO_3$）是烘焙蘇打的作用成分，比較這個結構與本章所提的弱酸和弱鹼的結構，然後說明爲什麼這個化合物在溶液中對pH值的改變是溫和的。

$$\mathrm{H{-}O{-}\overset{\overset{\displaystyle O}{\|}}{C}{-}O^-Na^+}$$

碳酸氫鈉

25. 氯化氫加到氨（NH_3）與氯化銨（NH_4Cl）的緩衝溶液中，對於氨濃度的影響爲何？對於氯化銨濃度的影響又是如何？
26. 氫氧化鈉加到氨（NH_3）與氯化銨（NH_4Cl）的緩衝溶液中，對於氨濃度的影響爲何？對於氯化銨濃度的影響又是如何？
27. 緩衝溶液在哪一點時，不能再阻抗 pH 值的改變？
28. 有時候人會因爲過度換氣而產生危險。在這種情形下，可建議他對著紙袋呼吸，以避免血液的 pH 值增加而昏厥。試著解釋這個作用。

思前算後

1. 在水溶液中，如果鋞離子濃度是 1×10^{-10} 莫耳／公升，那麼氫氧根離子濃度是多少？
2. 如果在溶液中，鋞離子濃度是 1×10^{-4} 莫耳／公升，pH 值是多少？溶液是酸的，還是鹼的？
3. 如果在溶液中，鋞離子濃度是 1×10^{-10} 莫耳／公升，pH 值是多少？溶液是酸的，還是鹼的？
4. 如果水溶液的 pH 值是 5，那麼氫氧根離子的濃度是多少？
5. 當溶液的 pH 值是 1 時，其鋞離子濃度是 1×10^{-1} M = 0.1 M。假設這個溶液的體積是 500 毫升，而此溶液不是緩衝溶液。再加上 500 毫升的純水後，pH 值是多少？你需要用有對數函數的計算機來解答這個問題。

氧化和還原

氧化還原反應在我們的身上，在我們的環境中，

不斷的發生，

不瞭解氧化還原反應，就不能瞭解我們的世界。

你知道，燃燒會產生水，

為什麼這個水不會把正在燃燒的火撲滅呢？

答案就在這一章裡，快進來瞭解氧化還原反應吧！

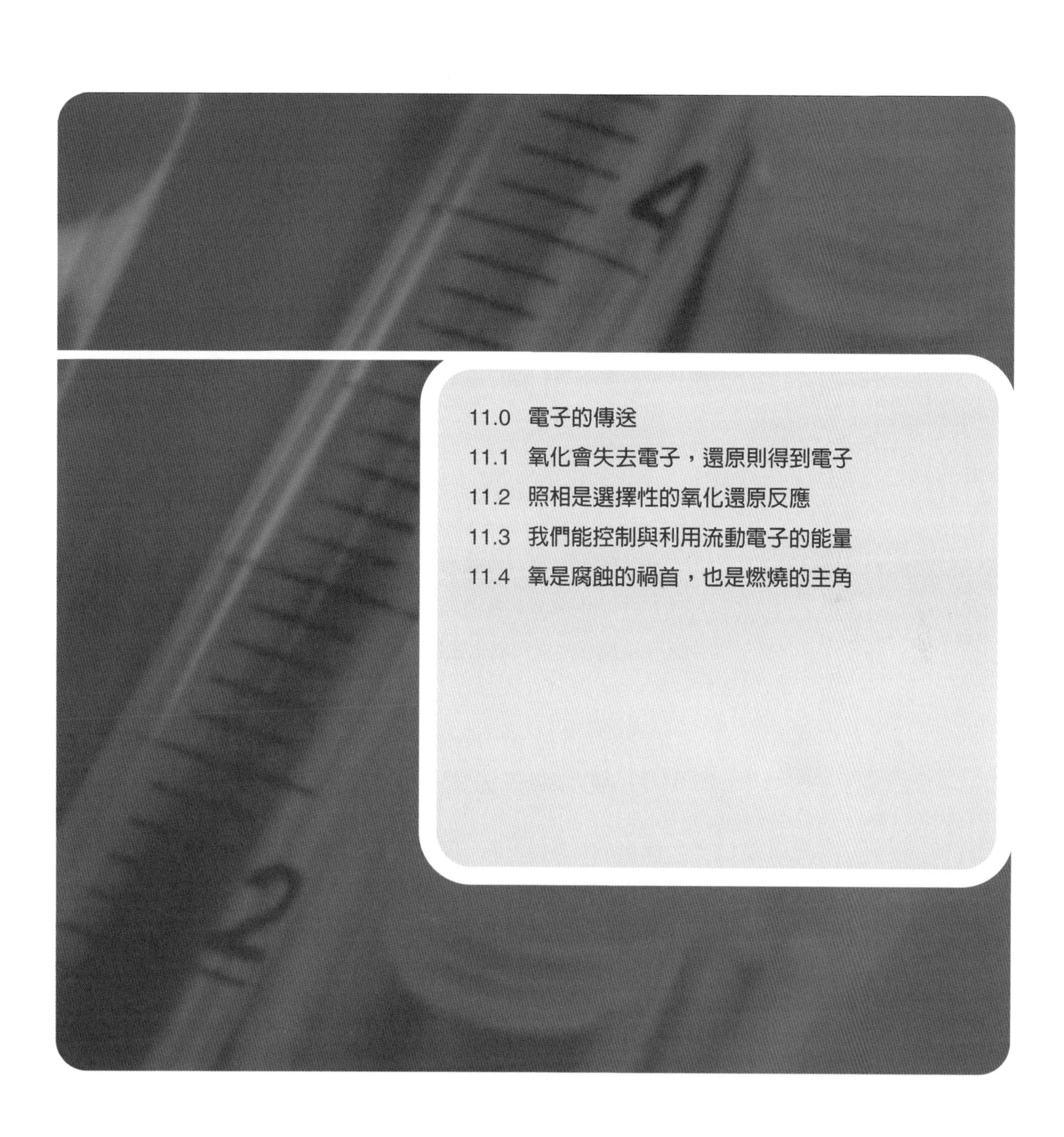

11.0 電子的傳送

我們的身體、燃燒的營火、舊器具的生銹，這之間有什麼雷同？爲什麼銀器會失去光亮？鋁要如何恢復光澤？爲什麼有補牙的人去咬鋁箔是不智的？電池組是如何作用的，它們的能量來源是什麼？爲什麼未來的終極能源是氫氣？這些問題的解答都牽涉到電子從一個物質傳送到另一個物質的情況。這些化學反應的種類是本章討論的主題。

在第 9 章中，我們知道參與化學反應的化學物叫做反應物。在反應的過程，反應物會形成新的化學物，稱爲產物。在酸鹼反應中，質子會從一個反應物傳到另一個反應物。在本章我們將探討另一類反應，它們有一個或多個電子從一個反應物傳送到另一個反應物上，這類反應稱爲**氧化還原反應**。

11.1 氧化會失去電子，還原則得到電子

氧化是反應物失去一個或多個電子的過程；**還原**則是反應物得到一個或多個電子的過程。氧化和還原是互補且同時發生的，不會只有氧化沒有還原，或只有還原沒有氧化。氧化反應中的一個化學物失去電子時，電子不是單純的消失，而是由還原反應中的另一個化學物獲得。

鈉和氯反應形成氯化鈉時，就發生了氧化還原反應，鈉金屬會

受氯氣氧化，氯氣會受鈉金屬還原。反應方程式如下所示：

$$2\ Na + Cl_2 \longrightarrow 2\ NaCl$$

要看看在這個反應裡，電子是如何傳送的，我們就先來看個別的反應物。電中性的鈉原子會變成帶正電的離子，鈉原子失去了一個電子，因此是進行氧化：

$$2\ Na \longrightarrow 2\ Na^+ + 2\ e^- \quad \text{氧化}$$

電中性的氯分子會變成兩個帶負電的離子，氯原子會得到一個電子，因此進行還原：

$$Cl_2 + 2\ e^- \longrightarrow 2\ Cl^- \quad \text{還原}$$

這兩種反應的淨結果，就是鈉原子失去的兩個電子，傳送到氯原子上。因此上面所示的兩個方程式，事實上分別代表整個過程的一半，所以稱為**半反應**。換句話說，一個鈉原子不會平白失去一個電子，一定會有一個氯原子撿到了這個電子，這兩個半反應合起來才能代表整個氧化還原的過程。半反應很有用，可以用來顯示哪一個反應物失去電子，哪一個反應物得到這些電子，所以本章中提到了很多半反應。

鈉使氯還原，所以鈉的作用有如「還原劑」。可以使另一種反應物進行還原的反應物，就是還原劑。注意，鈉在當作還原劑時，本身會失去電子，進行氧化。反過來說，氯會引起鈉的氧化，因此氯的作用就是「氧化劑」。氧化劑在反應過程中得到電子，進行還原反應。只要記住「失去電子就是氧化」及「獲得電子就是還原」就行了。

不太會得失電子

傾向獲得電子

傾向失去電子

□ 作用比較像氧化劑（本身還原）

■ 作用比較像還原劑（本身氧化）

圖 11.1
原子獲得或失去電子的能力與它在週期表上的位置有關。位在右上角的原子比較容易獲得電子，而在左下角的比較容易失去電子。

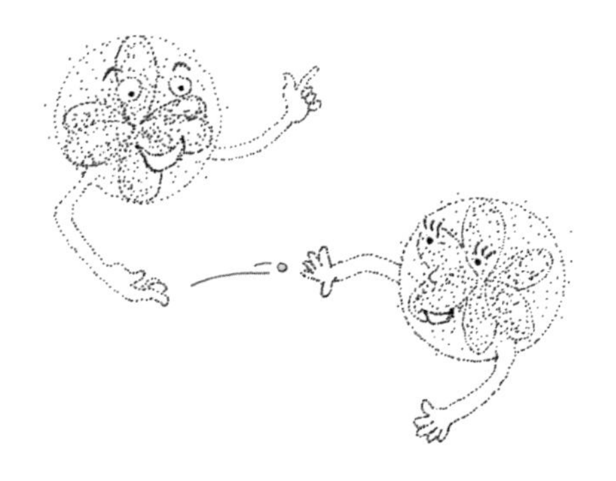

不同的元素有不同的氧化與還原趨勢，有一些元素比較容易失去電子，有一些則較容易獲得電子，如圖 11.1 所示。這種趨勢就是原子核抓住電子強度的函數。原核子的有效核電荷愈大（參見《觀念化學 II》的第 5.8 節），原子愈容易得到電子。因爲週期表右上方的元素（惰性氣體除外），原子的有效核電荷最大，最容易獲得電子，所以在反應中多爲氧化劑；週期表左下方的元素，原子的有效核子電荷最弱，因此最容易失去電子，在反應中多當還原劑。

觀念檢驗站

Q

以下的敘述是對或錯：

1. 還原劑在氧化還原反應中，本身進行氧化反應。
2. 氧化劑在氧化還原反應中，本身進行還原反應。

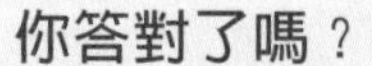

兩個敘述都是正確的。

11.2 照相是選擇性的氧化還原反應

傳統照相機裡不裝底片，把底片室的蓋子打開，放置一些蠟紙在照相機背後，如圖 11.2 所示。按住快門然後聚焦。你看！你照了一張相片。不過，把快門放開後這影像也沒了。如果相機有裝底片，同樣的影像會在底片上形成。底片與蠟紙的不同是在於，底片在放開快門後仍能保有影像在上面。如何做到這點呢？答案就是靠氧化還原的化學反應。

圖 11.2
照相機可以把影像聚焦在蠟紙上，也可以聚焦在底片上。

在看下列幾點時，也依序閱讀次頁圖 11.3 的各點，它簡單講解了黑白相片是如何產生的。

1. 未曝光的黑白底片是透明的塑膠膠片，上面有溴化銀（AgBr）的微晶膠體。物體反射來的光線，由相機透鏡攝取，聚焦在這些微晶上。光線使微晶上的很多溴離子氧化。光線造成氧化釋出的電子傳送到銀離子上，把銀離子還原成不透明的銀原子。微晶受光的量愈多，形成不透明的銀原子就愈多。照相的影像就以這種方法記錄下來，也就是說底片已經曝光了。
2. 物體反射來的光線並不都能使銀原子形成看得見的影像。不過微晶上含的銀原子愈多，就愈容易產生更多的氧化還原反應。要形成可見的影像，底片要放入不透光的箱子內，以免再度曝光。照

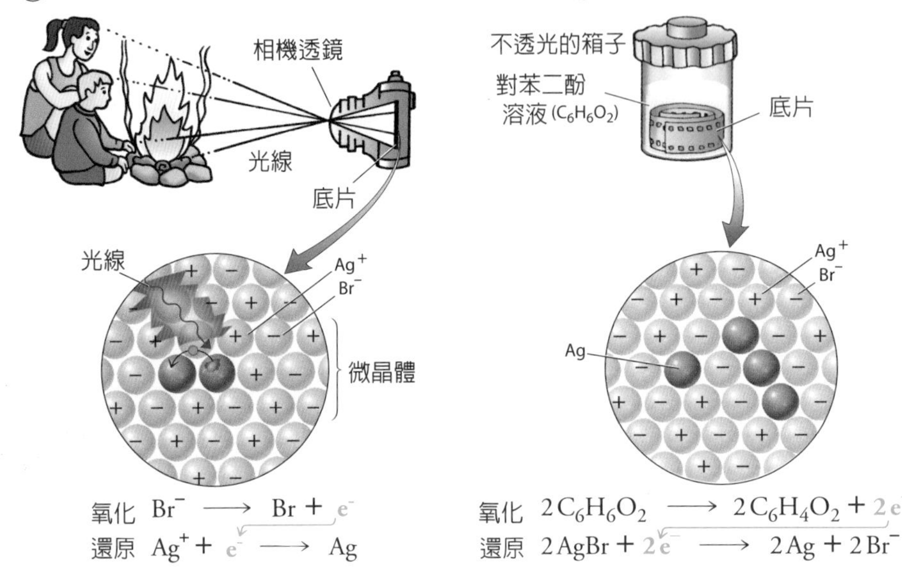

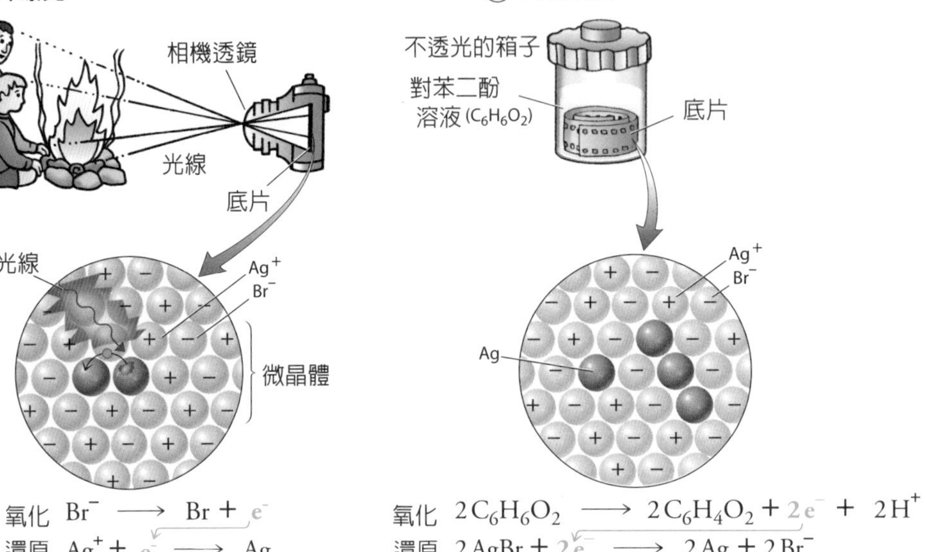

氧化 $Br^- \longrightarrow Br + e^-$

還原 $Ag^+ + e^- \longrightarrow Ag$

氧化 $2C_6H_6O_2 \longrightarrow 2C_6H_4O_2 + 2e^- + 2H^+$

還原 $2AgBr + 2e^- \longrightarrow 2Ag + 2Br^-$

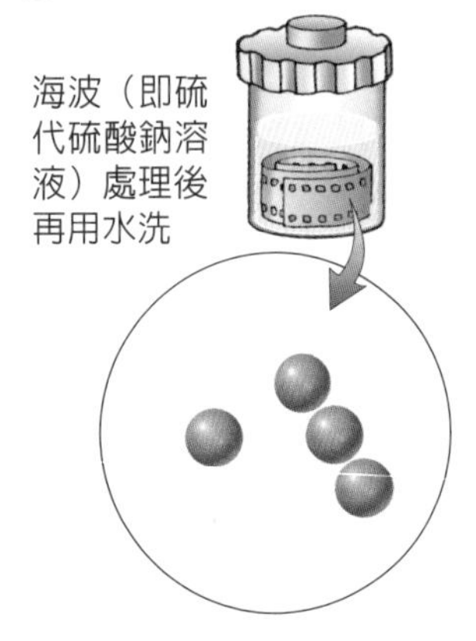

圖 11.3

黑白照片的形成包含一系列的氧化還原反應。

過相的底片要用對苯二酚（$C_6H_6O_2$）之類的還原劑處理，還原劑顯現影像的方法，是形成更多不透明的銀原子，透過這個步驟把照片沖洗出來。

3. 銀離子會受到顯影液中對苯二酚的還原，但如果用硫代硫酸鈉（$Na_2S_2O_3$）溶液來處理底片，還原反應就會停止。硫代硫酸鈉溶液又稱海波或定影液。硫代硫酸根離子（$S_2O_3^{2-}$）與還沒還原的銀離子結合，形成水溶性的鹽。接著用水洗除化學物，只留下附著在底片上的銀原子。這些銀原子相當多，因爲在攝影時有很多光線照到底片上。底片現在就已經定影了。
4. 因爲銀原子是不透明的，底片就成爲負片，物體的亮面成爲黑色，暗面變成亮的。
5. 把光線透過負片照到相紙上，利用與產生負片相同的反應來顯影。產生的影像是負片的負片，換句話說就是正片。

彩色底片上塗有很多種化學物，每個化學物對不同光的頻率（顏色）有不同的反應。彩色照片的顯影包含更多的氧化還原反應，但基本原理是一樣的：只對曝光的化學物做選擇性還原。數位照相是光電池的產物，光電池是由矽等類金屬形成的，矽在曝光後會失去電子，這點我們將在《觀念化學 V》第 19 章探討能源時討論。

觀念檢驗站

Q

如果相機的快門打開得太久，有太多光線照到底片上，底片大部分是透明還是不透明的？從這個負片得到的正片看起來會怎樣？

你答對了嗎？

照到底片的光線愈多，就有愈多的銀離子受溴離子或對苯二酚還原。銀離子還原產生不透明的銀原子，附著在底片上。這種過度曝光的負片因爲充滿不透明的銀原子，所以大部分是不透明的。

沖洗出來的正片會很白，因爲只有很少的光線能透過負片去感應相紙上的銀離子。

生活實驗室：銀膜

銀器上的失澤膜是一層硫化銀（Ag_2S），硫化銀是離子化合物，含有兩個銀離子（Ag^+）和一個二價硫離子（S^{2-}）。銀器會失去光澤，是因它的銀離子與空氣中的硫化氫（H_2S）接觸。硫化氫是有臭味的氣體，由哺乳類動物或其他生物因消化食物而產生。銀和硫化氫的半反應爲：

$$4\,Ag + 2\,H_2S \rightarrow 4\,Ag^+ + 4\,H^+ + 2\,S^{2-} + 4\,e^- \quad \text{氧化}$$

銀離子與二價硫離子結合成黑色硫化銀，同時氫離子與電子與大氣中的氧結合成水：

$$4\,H^+ + 4\,e^- + O_2 \rightarrow 2\,H_2O \quad \text{還原}$$

銀的失去光澤的化學方程式，就是這兩個半反應的合併：

$$4\,Ag + 2\,H_2S + O_2 \rightarrow 2\,Ag_2S + 2\,H_2O$$

我們從這些方程式看到硫化氫使銀失去電子，並把電子轉給氧。如果要使銀恢復發亮的元素狀態，就需要重新得到失去的電子。然而氧不會把電子釋回給銀，但用適當的方法，可以讓鋁原子釋出電子給銀。

■ 請先準備：

非常乾淨的鋁鍋（或鋁箔與非鋁鍋）、水、烘焙蘇打、一件失去光澤的銀器

■ 請這樣做：

1. 放約一公升的水與幾大匙的烘焙蘇打到鋁鍋中，或放到包了鋁箔的非鋁鍋中。
2. 把水煮沸，然後把鍋子自熱源移開。
3. 慢慢的把失去光澤的銀器浸進去；當銀和鋁接觸時，你會馬上看到效果（如果看不出成效，就再多加入一些烘焙蘇打）。還有，當銀離子從鋁接受電子還原成發亮的銀原子時，二價硫離子會游離出來再形成硫化氫氣體，釋回空氣中，你也許會聞到它的氣味！

在這兒，烘焙蘇打當作傳導的離子溶液，讓電子從鋁原子移到銀原子上。與用研磨劑擦亮銀器的方法相比，這個方法有什麼優點？

生活實驗室觀念解析

這是你在同樂會中可以表演的好把戲之一。不過先警告你，很多餐具處理後仍然需要用研磨劑來擦亮。你可以用生動的對談來讓賓客明白，硫化氫氣體如何使銀器失去光澤。

用研磨劑擦拭，除了去除晦暗表層外，還會把一些銀原子擦掉，使鍍銀的器件失去它們薄薄的銀塗層。相較之下，用鋁鍋來浸泡，可以使失去光澤的銀再恢復原狀。

過於大件的銀具無法放在鍋子內，可以試用烘焙蘇打和水輕輕擦拭，並用鋁箔做爲擦拭布。

11.3 我們能控制與利用流動電子的能量

電化學研究電能與化學變化間的關係。它牽涉到利用氧化還原反應來產生電流，或利用電流來產生氧化還原反應。

要瞭解氧化還原反應如何產生電流，先來看看當還原劑直接與氧化劑接觸時，會發生什麼狀況：電子會從還原劑流向氧化劑。電子的流動就是電流，是動能的一種形態，可以用在許多用途。

例如，鐵原子（Fe）是比銅離子（Cu^{2+}）還好的還原劑。所以當鐵金屬與含有銅離子的溶液接觸時，電子就由鐵原子流到銅離子，如圖 11.4 所示。結果就是鐵原子的氧化和銅離子的還原。

圖 11.4
鐵做的釘子放到含 Cu^{2+} 離子的溶液中，鐵會氧化成可溶於水的 Fe^{2+} 離子，銅離子還原成金屬銅，附著在釘子上〔同時也會有氯離子（Cl^-）之類的負離子，使溶液中的正負電荷達到平衡〕。

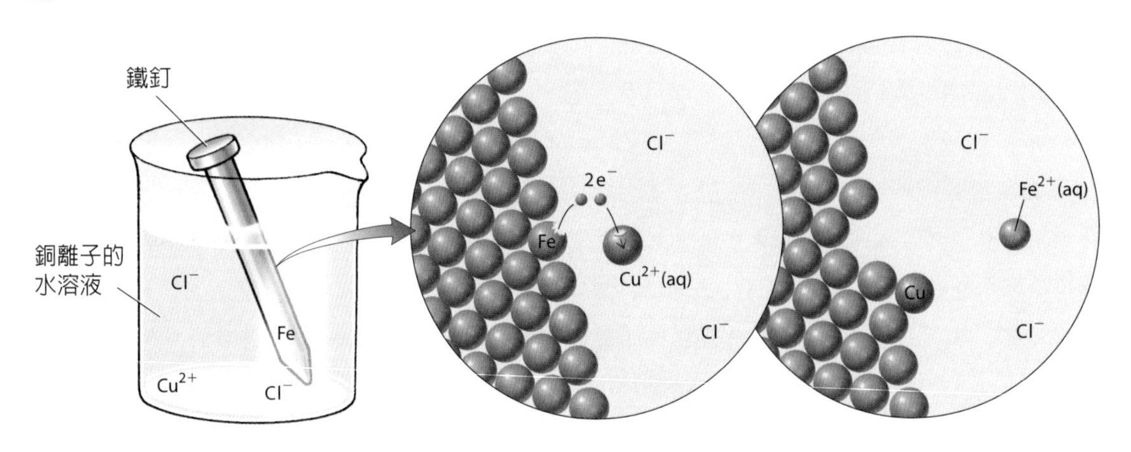

氧化 $Fe \longrightarrow Fe^{2+} + 2e^-$

還原 $Cu^{2+} + 2e^- \longrightarrow Cu$

元素鐵和銅離子間的電子流動，並不需要物理接觸。如果把它們分別放在不同的容器中，只用一條導線連接，電子也會經由導線從鐵流向銅離子。這種在導線上造成的電流可以放在電燈泡等有用的設備上。不過可惜的是，這種裝置產生的電流無法持續流動！

圖 11.5 中的裝置，無法使電流持續流動，原因是一開始通過導線的電流，會馬上在兩個容器中積蓄電荷，在左邊容器中積蓄的正電荷 Fe^{2+} ，是由鐵釘來的；而電流流到右邊容器時，就把負電荷積蓄起來了。這種情形使電子無法經由導線繼續移動。要記住，電子是帶負電的，所以電子會受右邊容器的負電排斥，而受左邊容器的正電吸引。結果就是沒有電流會通過導線，因此點不亮燈泡。

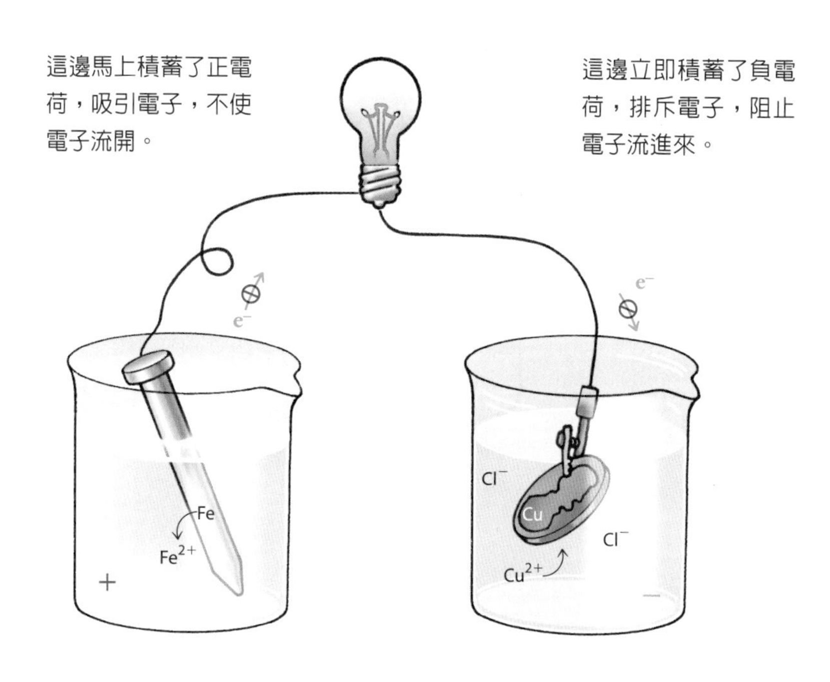

圖 11.5
鐵釘放在水中，用一根導線連接銅離子溶液，並不會有任何事發生，因為這樣會使電荷積蓄，阻止電子進一步的流動。

要解決這個問題，就是要讓離子向任一個容器移動，使容器中不積蓄正電荷，也不積蓄負電荷，這就需要利用鹽橋來達成任務。鹽橋可能是 U 形管，其中填充了硝酸鈉（$NaNO_3$）之類的鹽，兩端塞有孔洞的塞子。圖 11.6 顯示鹽橋讓它的離子流向其中一個容器，使電子可以流經導線形成完整的電路。

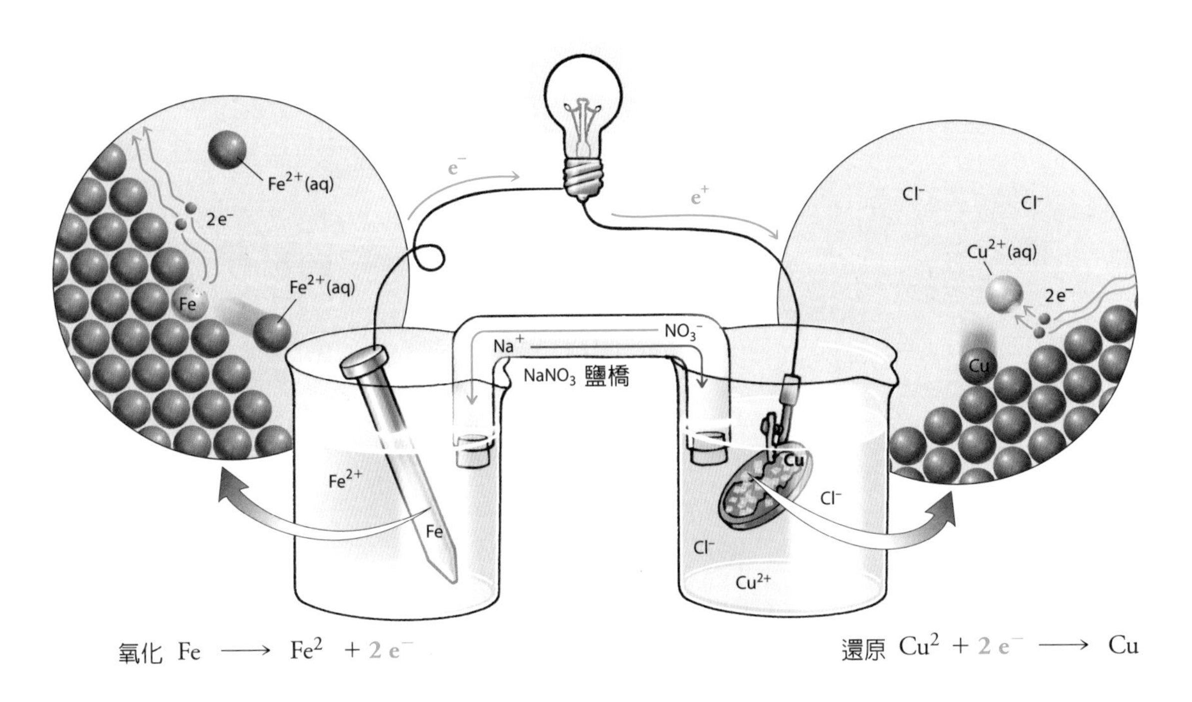

圖 11.6
安裝鹽橋使電路完整。鐵受氧化放出的電子通過導線到右邊的容器；硝酸根離子（NO_3^-）從鹽橋流入左邊的容器，以平衡在那兒形成的正電荷 Fe^{2+}，這樣就可防止正電荷的積蓄。同時，Na^+ 離子從鹽橋進入右邊的容器，平衡受 Cu^{2+} 離子「放棄」的氯離子（Cl^-），而 Cu^{2+} 則接收電子成為金屬銅。

電池組的電來自氧化還原反應

從上面知道，只要有適當的裝置，就可駕馭由氧化還原所生成的電能。圖 11.6 所示的裝置是其中一例。這種裝置稱為伏打電池（voltaic cell）。伏打電池不必用兩個分開的容器串連，可以做成一個整體，就是平常說的電池。電池有的用一次就得丟棄，有的可以重複充電使用。本章將各舉一些例子來說明。雖然兩種電池的設計和成分各有不同，但作用原理都是一樣的：電池裡的兩種材料互相氧化與還原，並用介質連接，介質中的離子可以移動以平衡電子流動造成的電荷改變。

先來看看用完即丟的電池。常用的乾電池就是用完即丟的，它是1860 年代發明的，至今仍在使用中，多半用於手電筒、玩具等等。乾電池或許是最便宜的可丟棄能源，它的基本設計是用鋅筒填充濃稠的氯化銨（NH_4Cl）、氯化鋅（$ZnCl_2$）和二氧化錳（MnO_2）。在這些膏狀物裡淹浸一根多孔石墨棒，石墨棒的上方突出於電池頂部，如次頁的圖 11.7 所示。

石墨是電的良好導體，膏狀物中的化學物經由石墨棒接收電子，進行還原反應。譬如，銨離子的反應為：

$$2\,NH_4^+(aq) + 2\,e^- \longrightarrow 2\,NH_3(g) + H_2(g) \quad \text{還原}$$

電極是可以傳導電子進出介質的物質，使電化學反應得以發生。其中，進行還原反應的電極稱為**陰極**。例如，圖 11.7 的電池，陰極標示為（＋），表示電子會受吸引到此處。陰極的化學物得到的電子來自**陽極**，陽極的化學物進行氧化反應。電池的陽極標示為（－），表示電子會從此處流出。圖 11.7 的陽極是鋅筒，鋅原子會失

去電子形成鋅離子：

$$Zn(s) \longrightarrow Zn^{2+}(aq) + 2\ e^- \quad \text{氧化}$$

乾電池中銨離子還原產生的兩種氣體：氨（NH_3）與氫（H_2）必須移除，以免壓力累積產生爆炸。移除的方法是使氨和氫分別與氯化鋅和二氧化錳反應：

$$ZnCl_2(aq) + 2\ NH_3(g) \longrightarrow Zn(NH_3)_2Cl_2(s)$$
$$2\ MnO_2(s) + H_2(g) \longrightarrow Mn_2O_3(s) + H_2O(\ell)$$

乾電池的壽命相當短。氧化會使鋅筒耗損，最後甚至導致內含物滲出。即使電池沒有使用，鋅也會因為與銨離子反應，而發生腐蝕。不過，如果把電池放在冰箱中，就可以阻止鋅的腐蝕。如同在第 9 章討論的，降低溫度可以使化學反應慢下來，所以冷卻電池可以使鋅的腐蝕速率變慢，而延長電池的壽命。

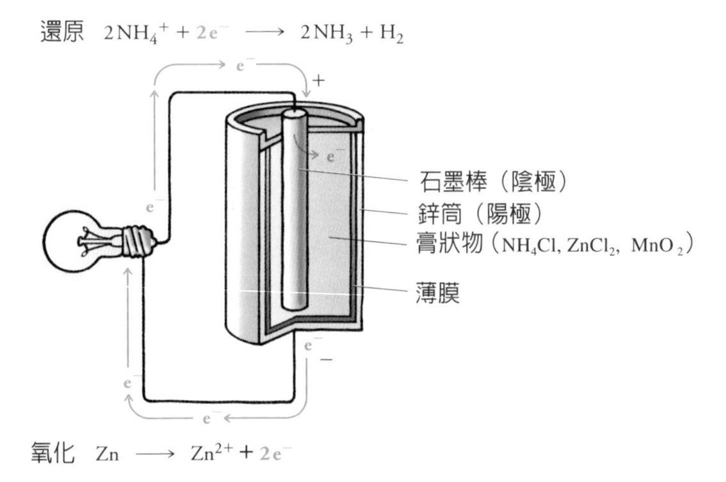

圖 11.7
常用的乾電池有一根石墨棒淹浸在氯化銨、二氧化錳和氯化鋅的膏狀混合物中。

另一種可丟棄的電池是鹼性電池，鹼性電池的壽命比乾電池久，而且電壓也比較穩定，但是價格較貴。鹼性電池是利用強鹼的膏狀物來作用，乾電池的許多毛病，它都沒有。在氫氧根離子的存在下，鋅氧化成不溶於水的氧化鋅：

$$Zn(s) + 2\ OH^-(aq) \longrightarrow ZnO(s) + H_2O(\ell) + 2\ e^- \quad \text{氧化}$$

同時，二氧化錳進行還原反應：

$$2\ MnO_2(s) + H_2O(\ell) + 2\ e^- \longrightarrow Mn_2O_3(s) + 2\ OH^-(aq) \quad \text{還原}$$

特別值得注意的是，這兩種反應都避免使用會腐蝕鋅的銨離子（這樣子，鹼性電池可以比乾電池用得久一點），也不產生氣體產物。還有，這些反應在長期使用時，可維持一定的電壓。

可丟棄的小型汞電池或鋰電池，是鹼性電池的另一種型式，大多用在計算機、照相機裡。在汞電池中，進行還原反應的是氧化汞（HgO），而不是二氧化錳。不過因爲汞有毒，會造成環境問題，製造廠商已經逐漸淘汰這一類電池。在鋰電池中，電子的來源是金屬鋰，而不是鋅。鋰不只比鋅更可以維持較高的電壓，而且密度只有鋅的 1/13，所以鋰電池較輕。

可丟棄的電池壽命相當短，因爲產生電子的化學物會消耗完。可充電的電池主要的特點是，它的氧化還原反應是可逆的。例如，車子的鉛蓄電池，電能的產生來自二氧化鉛、鉛和硫酸，這些化學物反應後形成硫酸鉛和水。元素鉛氧化成 Pb^{2+}，而二氧化鉛中的鉛進行還原反應，從 Pb^{4+} 變成 Pb^{2+}。這兩個半反應可以合併成一個完整的氧化還原反應：

$$PbO_2 + Pb + 2\ H_2SO_4 \longrightarrow 2\ PbSO_4 + 2\ H_2O + \text{電能}$$

如果要充電，就進行這個反應的逆反應，如圖 11.8 所示。充電是由車上的交流發電機來做的，動力來自引擎：

$$\text{電能} + 2\ PbSO_4 + 2\ H_2O \longrightarrow PbO_2 + Pb + 2\ H_2SO_4$$

因此，引擎轉動後可以維持電池中的二氧化鉛、鉛和硫酸在一定的濃度。引擎停掉後，這些反應物隨時可供給電力，以供發動引擎、轉開緊急信號燈或打開收音機之用。

觀念檢驗站

Q 車子的電池要如何充電？

你答對了嗎？

A 車子的電池充電時，是利用電池外部的交流發電機的電能來充電的。方法是把產生電能的氧化還原反應，進行逆反應，把產物再生爲反應物。再生成的反應物有二氧化鉛、鉛和硫酸。

很多比車用電池小的充電電池，是由鎳和鎘的化合物做的。這種鎳鎘電池像鉛蓄電池一樣，是由外部的來源（如電插座）來供給電能的。像汞電池一樣，鎳鎘電池也有環境上的危害，因爲鎘對人類及其他生物有毒。因此，無汙染的鹼性充電電池發展迅速。

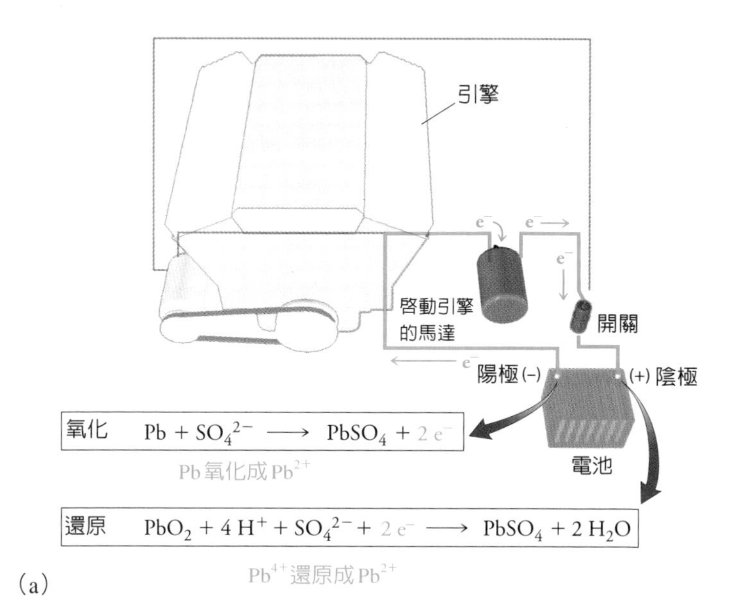

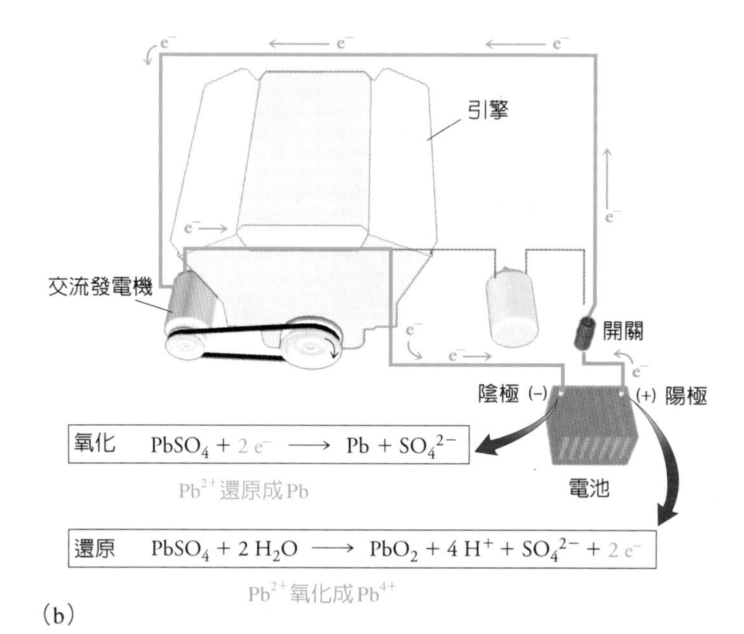

圖11.8

(a) 從電池來的電能促使啓動馬達啓動引擎。

(b) 燃燒燃料使引擎繼續轉動，提供能量來轉動交流發電機，由此來使電池充電。注意這個電池在充電時，它的陰極－陽極方向已經倒置。

燃料電池是是高效率的電能來源

燃料電池（fuel cell）是把燃料的化學能變成電能的裝置，它是產生電能最有效率的方法。圖 11.9 為氫氧燃料電池，它有兩個小隔間，一個是氫燃料進來，另一個讓氧燃料進來，中間有一組多孔性的電極。在面向氫氣的電極（陽極），氫氣與氫氧根離子接觸後進行氧化。從氧化反應產生的電子，流經外部電路提供電力，然後在面向氧的電極（陰極）與氧接觸。氧很容易撿拾電子（換句話說，氧進行還原反應），與水反應形成氫氧根離子。為完成整個電路，這些氫氧根離子會通過多孔性電極，而且通過含氫氧化鉀（KOH）的離子性膏狀物，在面向氫的電極上與氫接觸。

圖 11.9
氫氧燃料電池

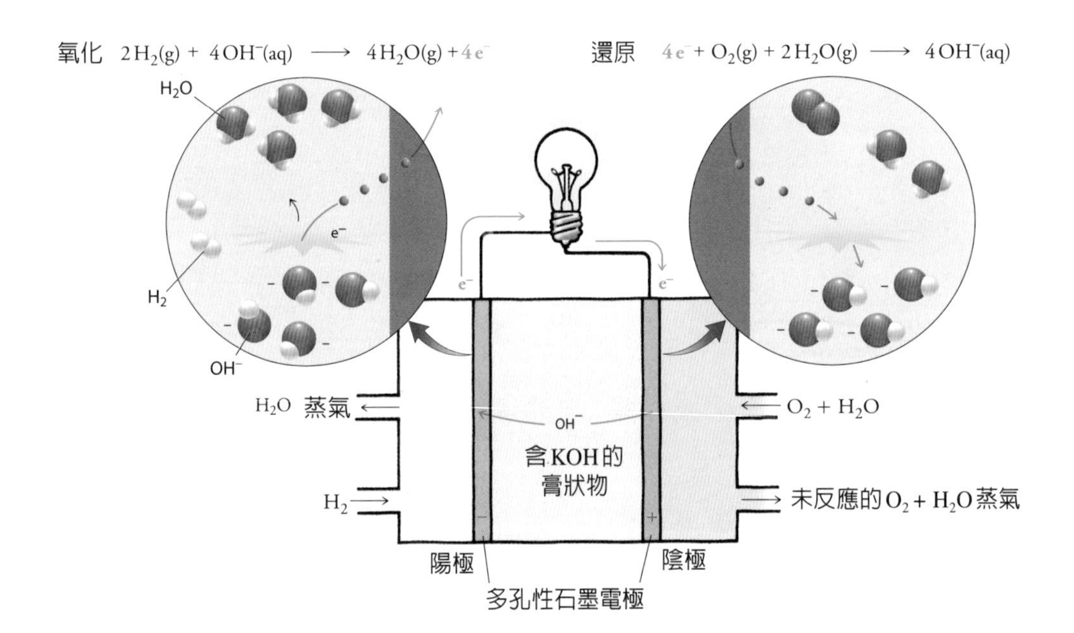

圖 11.9 上方列出的氧化方程式顯示，氫和氫氧根離子反應，形成的有能量水分子，以水蒸氣的形態出現。這種水蒸氣可用來加熱或供給蒸氣渦輪機來發電。還有，蒸氣凝結後形成的水爲純水，適於飲用！

燃料電池與乾電池相似，但燃料電池只要有燃料繼續供給，就可繼續使用。太空梭使用氫氧燃料電池供給所需電力。這種電池也可產生約 400 公升的飲水供給太空人在長達一週的任務期間內飲用。在地球上，研究人員也在開發供汽車使用的燃料電池。如同圖 11.10 所示，使用燃料電池的公共汽車已經在英國倫敦、加拿大溫哥華、美國芝加哥幾個城市行駛。這些車輛產生的汙染物很少，而且行駛效率比使用化石燃料的車輛更高。

圖11.10
這輛公共汽車以燃料電池為動力，它的排氣管排放的大多數是水蒸氣。

在未來，商業建築物和私人住宅也會配備燃料電池，做爲從地區電力供應站接受電力（和熱能）的另一種選擇。研究人員現在也在開發微型的燃料電池，來當攜帶式電子產品（手機和筆記型電腦等）的電池。將來，這些電子產品只要用一罐燃料，就可使用上一段時間，而這種燃料可以在超級市場買到。

奇妙的是，用氫氧燃料電池做爲動力的車子，只要約 3 公斤的氫就可以走 500 公里。不過，這麼多的氫在室溫與常壓下，所占的體積達到 36,000 公升，約有四部中型車那麼大！所以，發展燃料電池技術的主要癥結並不在於電池本身，而是要解決燃料的問題。這麼大體積的氣體可以壓縮成更小的體積，就像在溫哥華的試行的公共汽車一樣。

不過，把氣體壓縮也需要能量，這樣一來就失去了燃料電池原有的效率。把氫氣冷凍成液態會使體積變小，但問題仍未解決。研究人員換個角度來尋找提供氫氣的新方法。有一種設計是在燃料電池中產生氫氣，由液態碳氫化合物，如甲醇（CH_3OH）等進行化學反應。還有替代的方法，就是利用某些多孔性材料，包括最近發展的奈米碳纖維，在它們的表面積上容納大量的氫氣，作用有如氫氣的「海綿」一樣。在需要時，用控制溫度的方法來把氫氣「擠」出這些材料，溫度愈高，放出的氫氣愈多。在《觀念化學 V》第 19 章討論永續能源時，我們會對氫當燃料來源做進一步探討。

上面提到的奈米碳纖維，是由近次微米（near-submicroscopic）的碳原子小管所組成，可以吸收氫分子。例如利用奈米碳纖維，36,000 公升的氫氣可以縮到 35 公升。不過，奈米碳纖維是最近才發現的材料，還需要做很多研究來證實它的氫氣儲藏能力。

觀念檢驗站

燃料電池只要有燃料，就可無限制的供給電能；爲什麼一般電池不能無限制供給電能？

你答對了嗎？

電池的電力來自氧化還原的化學反應。一旦化學反應中的反應物消耗掉，電池就不再產生電力。充電電池要再生，先要把供應電能的反應停止，才能補充反應物。

電能可以產生化學變化

電解是用電能來產生化學變化。車用電池的充電是電解的一個例子。另一個例子示如圖 11.11，是把電流通入水中，這個過程會把水分解成它的組成元素：

$$\text{電能} + 2\,H_2O(\ell) \longrightarrow 2\,H_2(g) + O_2(g)$$

電解用來把金屬礦物純化成金屬。以鋁爲例，鋁是地殼中第三多的元素。在自然狀態下，鋁和氧結合成的鋁土礦，稱爲水礬土(bauxite)。直到 1827 年，人類找到方法，把水礬土和氫氯酸反應，得到金屬鋁離子 Al^{3+}，然後再用鈉金屬當還原劑，把鋁離子還原成鋁金屬：

$$Al^{3+} + 3\,Na \longrightarrow Al + 3\,Na^+$$

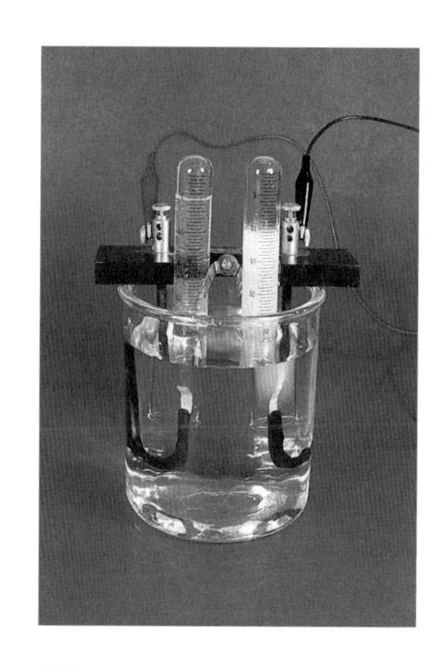

圖 11.11
水的電解產生氫氣和氧氣，體積比為 2：1，這個比例與水的化學式 H_2O 是一致的。要使這個過程作用，離子必須溶在水中，如此一來，電才可以在電極間傳導。

這個化學過程所費不貲。在那時，鋁的價格約為每磅 100,000 美元，屬於稀有的貴金屬。到了 1855 年，鋁製餐具和其他製品還與法國的皇冠寶石在巴黎一起展出。然後，在 1886 年，美國的霍爾（Charles Hall, 1863-1914），與法國的埃魯（Paul Heroult, 1863-1914），這兩位專家各自研究，差不多在同一時候發現，由水礬土的主要成分氧化鋁（Al_2O_3）製造鋁的製程。

這個製程現在稱為霍爾－埃魯製程，如圖 11.12 所示。把強電流通過熔融的氧化鋁和冰晶石（Na_3AlF_6）的混合物。冰晶石是天然礦物，它的氟離子會和氧化鋁反應，形成如 $AlOF_3^{2-}$ 等的各種鋁氟離子，鋁氟離子再氧化成六氟化鋁離子（AlF_6^{3-}），六氟化鋁離子的 Al^{3+} 接著還原成元素鋁，由反應槽底收集起來。今天，大量生產鋁金屬時，仍是使用這個製程。到了 1890 年，鋁的價格就一直下跌到每磅 2 美元。

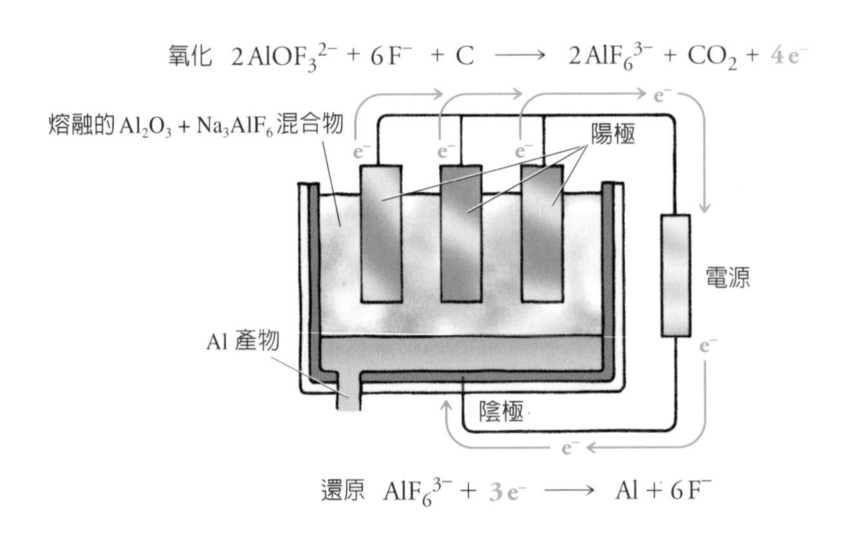

圖 11.12
氧化鋁的熔點（2030℃）太高，而無法有效的電解成鋁金屬。當氧化鋁和礦物冰晶石混合，氧化物的熔點會下降至較合理的 980℃。將強電流通入熔融的氧化鋁－冰晶石混合物，在陰極可以產生鋁金屬，在這兒鋁離子撿拾電子，還原成元素鋁。

生活實驗室：水的分解

來看看水的電解：把 9 伏特的乾電池，頂部浸入鹽水中，這時產生的泡泡是水分解產生的氫。爲什麼這個實驗用鹽水，效果會比用自來水來得好？爲什麼這個實驗會使電池很快壞掉（做過實驗後，電池就不能用了）？

生活實驗室觀念解析

改用自來水來做這個實驗，看看溶於水中的離子在實驗中發生了什麼作用。在兩個電極間，要有離子才能傳導電。

帶負電的電極（陰極）的主要反應，是水分子接受電子形成氫氣和氫氧根離子。從第 10 章知道，增加氫氧根離子的濃度會使溶液的 pH 值升高。你可以在溶液中加入指示劑來追蹤氫氧根離子的產生。選用的指示劑爲酚酞，你可以跟老師索取。或者你可用第 10 章所說的紅甘藍萃取液，不管你用哪一種指示劑，注意在陽極形成的有色漩渦，那表示形成了氫氧根離子。

另外，電池在導電液體中會使兩極產生短路，造成電池的電大量流失，所以很快就損壞了。

你也許會奇怪，爲什麼氧氣不與氫氣一起產生，這個原因已超過本書的範圍，但簡單的說，氧氣只在帶正電的電極（陽極）是由某些金屬（如金或鉑）製造時，才會產生。只接9伏特電池的一般電極還不夠力。

今天，全世界鋁的產量大約每年 1 千 6 百萬噸，由礦物生產一噸的鋁，約需要 16,000 千瓦小時的電能，差不多是一般美國家庭 18 個月的用電量。另一方面，處理回收的鋁，每一噸只要消耗 700 千瓦小時的電能。所以，回收鋁不但可以減少廢棄物，也可以減少電力公司的負荷，進而減少空氣汙染。

如果你的牙齒補有汞合金，你又咬到鋁箔，會有觸電的感覺！

這個反應牽涉到元素鋁的氧化。如果你沒補過牙，算你好運，去問問那些較不幸的朋友，那種感覺怎樣。在這裡鋁有如陽極會釋出電子到汞合金（銀、錫和汞的混合物）上；汞合金有如陰極，傳送這些電子給氧，然後和氫離子結合形成水。這種微小的電流會帶給你一陣戰慄的觸電感！

觀念檢驗站

氫氧燃料電池中的反應屬於電解反應嗎？

你答對了嗎？

不是。電解是用電能來產生化學變化；氫氧燃料電池中，化學變化是用來產生電能。

11.4 氧是腐蝕的禍首，也是燃燒的主角

看看週期表的右上方，你會發現一個最常用的氧化劑：氧。也許你從來沒想過，事實上，「氧化」一詞的氧，是指氧元素。氧可以從很多其他元素取得電子，特別是那些在週期表左下方的元素。腐蝕和燃燒就是兩個以氧為氧化劑的氧化還原反應。

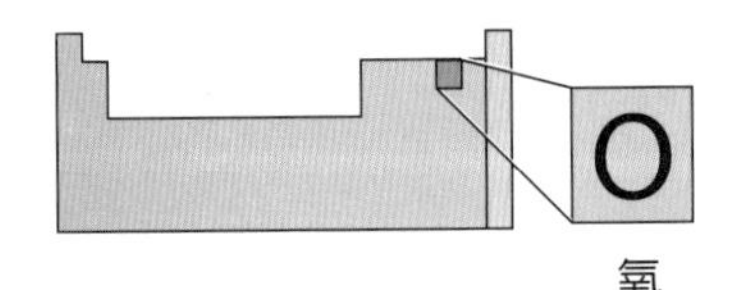

氧

腐蝕，是空氣中的氧使金屬受破壞的過程，這種現象相當普遍，也造成了巨大的損失。例如，美國生產的鋼鐵有四分之一是用來替代腐蝕的鐵，在這方面每年要花數十億美元。鐵的腐蝕是它和

大氣中的氧與水反應，形成氧化鐵三水合物（iron oxide trihydrate），也就是自然產生的赤褐色鐵銹。鐵銹並不會傷害到鐵製品的結構，但形成鐵銹時會消耗金屬鐵，因此才損毀了鐵製品。

$$\underset{\text{鐵}}{4\,Fe} + \underset{\text{氧}}{3\,O_2} + \underset{\text{水}}{3\,H_2O} \longrightarrow \underset{\text{鐵銹}}{2\,Fe_2O_3 \cdot 3\,H_2O}$$

觀念檢驗站

氧是良好的氧化劑，氯也是。你可以因此知道它們在週期表上的相對位置嗎？

你答對了嗎？

氯和氧一定位於週期表中相同的區域裡。兩者都有強的有效核電荷，也都是強氧化劑。

從次頁圖 11.13 的方程式可以更清楚瞭解鐵生銹的過程（1）鐵失去電子，形成 Fe^{2+} 離子。（2）氧接受電子，然後和水反應形成氫氧根離子（OH^-）。（3）鐵離子和氫氧根離子結合，形成氫氧化鐵（$Fe(OH)_2$），氫氧化鐵再氧氧化形成鐵銹（$Fe_2O_3 \cdot 3\,H_2O$）。

另一種常被氧氧化的金屬是鋁。鋁氧化後，產生的產物是不溶於水的氧化鋁（Al_2O_3）。因爲氧化鋁不溶於水，所以會形成一層保護塗層，避免鋁再進一步遭氧化。這種覆蓋層很薄，而且是透明的，所以鋁還能維持金屬光澤。

形成不溶於水的氧化保護層，是鍍鋅（galvanization）防銹的基本原理。鋅比鐵更容易氧化，所以很多鐵製品都會鍍上一層薄薄的鋅。鋅氧化的產物氧化鋅，不僅不於溶水也不易起反應，可以保護裡層的鐵不生銹。

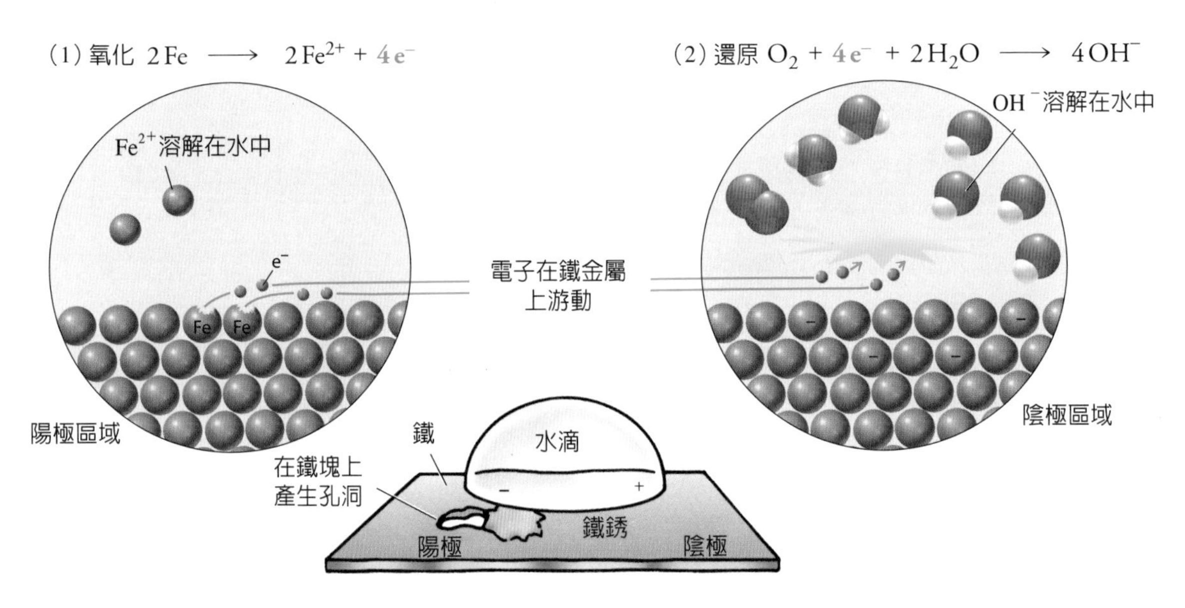

圖 11.13

當鐵原子失去電子、形成Fe^{2+}離子的時候，鐵金屬就開始生銹。鐵釋放出來的電子跑到氧原子上，使氧還原成氫氧根離子（OH^-）。這塊鐵的某個區域，作用像是陽極，另一個區域的作用則像陰極。銹只在陽極形成。在陽極，鐵原子會失去電子。陽極因為損失鐵元素，會使金屬形成孔洞。不過，銹的形成，不像失去鐵原子那麼嚴重，失去鐵原子會使鐵不完整。

此外，「陰極保護法」(cathodic protection)技術，是把鐵結構與鋅或鎂等金屬接觸，因為鋅或鎂等比較容易氧化，可以保護鐵結構免於氧化。這種方法迫使鐵接受電子，使鐵充當陰極。從圖 11.13 可以看見，鐵生銹僅發生在鐵是陽極的時候。同理，海上的油輪為了防蝕，會在船殼上加鋅條。

還有別的方法可以保護鐵與其他金屬免於氧化，就是塗覆一層像是鉻、鉑或金的防腐蝕金屬。「電鍍」就是把一種金屬以電解的方式塗覆到另一種金屬上的方法，如圖 11.14 所示。受電鍍的物體連接到電池的陰極，然後浸到溶液中，溶液裡含有要塗覆的金屬離子。電池正電端的電極，是以要塗覆的金屬做成的。當這個電極浸到溶液時，電路就接通了。溶解的金屬離子受帶負電的物體吸引，然後得到電子，沈積為金屬原子。陽極的塗覆金屬會不斷氧化，使溶液中的離子持續補充。

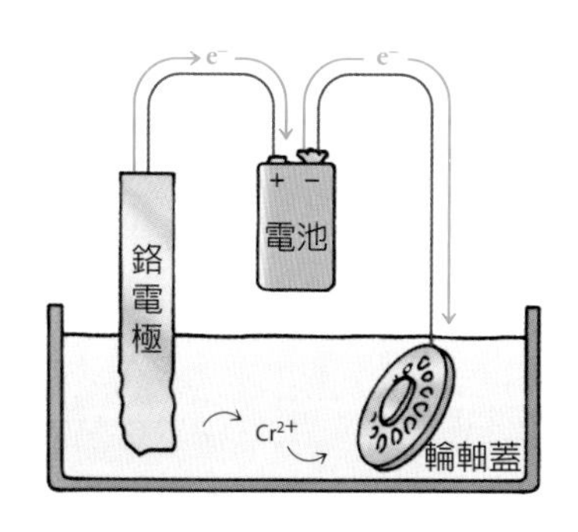

圖 11.14
電子流到輪軸蓋放出負電荷，帶正電的鉻離子從溶液移向輪軸蓋，還原成鉻金屬，沈積在輪軸蓋上成一塗層。在陰極的鉻原子繼續供給此溶液離子，並氧化成 Cr^{2+} 離子。

燃燒是各種物質材料進行的氧化還原反應。燃燒反應的特性是放熱(釋放能量)。激烈的燃燒反應會使氫和氧形成水。如同第 9.5 節討論的，燃燒反應的能量也用來做為把火箭推進到太空的動力。常見的燃燒例子包括木材和化石燃料的燃燒。含碳的化學物燃燒後，會產生二氧化碳和水。以天然氣的主成分甲烷為例，它的燃燒反應如下所示：

$$4\,Fe + 3\,O_2 + 3\,H_2O \longrightarrow 2\,Fe_2O_3 \cdot 3\,H \text{能量}$$

甲烷　　氧　　二氧化碳　　水

在燃燒中，當極性共價鍵變成非極性共價鍵，或非極性共價鍵上變成極性共價鍵，電子就發生了轉移(這與本章中其他氧化還原反應的例子不一樣，通常氧化還原反應是把原子變成離子，或把離

子變成原子）。圖 11.15 比較燃燒的起始物氧和產物水的電子結構。氧是非極性的共價元素，雖然在氧分子內，每一個氧原子都有相當強的電負度，兩個原子拉開四個鍵結電子的力是一樣大的，電子不會偏向某一邊。不過，在燃燒後，電子由水分子中的氫原子和氧原子共享，受氧的拉力較大，於是氧的負電荷會稍多。換句話說，氧得到電子進行還原。同時，水分子的氫原子多了一點正電，也就是氫失去電子進行氧化。氧的獲得電子與氫的失去電子，是釋放能量的過程。一般而言，能量釋放是以分子的動能（熱）或是光（火焰）來呈現的。

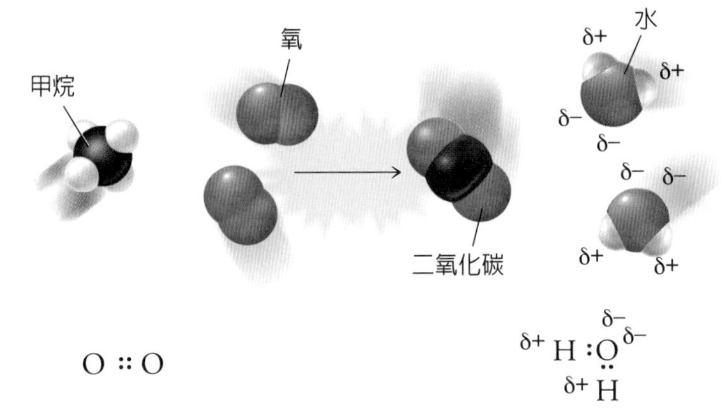

圖 11.15
(a) 氧分子的原子都不會特別吸引形成鍵結的電子。
(b) 水分子的氧原子會吸引鍵結電子離開氫原子，使氧有多一點的負電荷，而兩個氫有多一點的正電荷。

想一想，再前進

在第 10 章，我們討論了酸鹼反應，酸鹼反應屬於質子從一個反應物傳到另一個反應物的化學反應。在本章裡，我們則探討氧化還原反應，是屬於電子從一個反應物傳到另一個反應物的化學反應。氧化還原反應可以做很多應用，像是攝影、電池、燃料電池、金屬的提煉和腐蝕，以及非金屬材料（木材）的燃燒。

很有趣的是，燃燒的氧化還原反應也發生在你的體內，你可以藉助圖 11.15 來想像你的新陳代謝模式，把甲烷換成食物分子，食物分子把電子給了你吸入的氧分子，產物是二氧化碳、水蒸氣和能量，而你呼出二氧化碳和水蒸氣，而反應產生的能量是用來保持身體的暖和，並帶動很多生存所需的其他生化反應。

關鍵名詞

氧化還原反應　oxidation-reduction reaction：牽涉到把電子從某一個反應物轉移到另一個反應物的反應。（11.0）

氧化　oxidation：使反應物失去一個或多個電子的過程。（11.1）

還原　reduction：使反應物獲得一個或多個電子的過程。（11.1）

半反應　half reaction：氧化還原反應的一部分，從半反應的方程式中，可以看出電子是反應物或產物。（11.1）

電化學　electrochemistry：研究電能與化學變化之相關性的化學。（11.3）

電極　electrode：在電化學反應時，能把電子導入或導出某介質的物質。（11.3）

陰極 cathode：發生還原作用的電極。（11.3）

陽極 anode：發生氧化反應的電極。（11.3）

電解 electrolysis：利用電能進行化學變化的反應。（11.3）

腐蝕 corrosion：金屬的變質作用，通常是由大氣中的氧造成的。（11.4）

燃燒 combustion：非金屬物質與氧氣分子所發生的氧化還原反應。（11.4）

延伸閱讀

1. http://www.aluminum.org
   這是鋁業協會的網站，在這兒你可以找到製鋁工業的基本資料、如何回收，還有使用鋁對環境的影響。
2. http://www.kodak.com/us/en/corp/aboutKodak/kodakHistory/kodakHistory.shtml
   伊士曼柯達公司成立於十九世紀末，是第一家提供大眾簡易照相服務的公司。瀏覽這個網址，可以知道伊士曼柯達公司的歷史，還可連結「有關底片和影像」的網站，瞭解製造攝影底片所需的化學和工程技術。
3. http://www.internationalfuelcells.com
   http://www.fuelcellworld.org
   這兩間公司致力於提升燃料電池的效率與用途。一般預料，燃料電池是未來的浪潮。

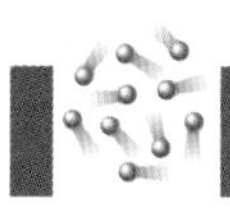

第11章　觀念考驗

關鍵名詞與定義配對

陽極	電解
陰極	半反應
燃燒	氧化
腐蝕	氧化還原反應
電化學	還原
電極	

1. ______：牽涉到電子從一個反應物傳到另一個反應物的反應。
2. ______：反應物失去一個或多個電子的過程。
3. ______：反應物獲得一個或多個電子的過程。
4. ______：氧化還原反應的一部分，用方程式表現出電子是反應物或產物。
5. ______：化學的分支，討論電能和化學變化之間的關係。
6. ______：可以傳導電子進出電化學反應的介質的材料。
7. ______：發生還原的電極。
8. ______：發生氧化的電極。
9. ______：用電能來產生化學變化。
10. ______：金屬的破壞，一般是由大氣中的氧所引起的。
11. ______：非金屬材料和氧分子之間產生的放熱的氧化還原反應。

分節進擊

11.1 氧化會失去電子，還原則得到電子

1. 哪一些元素最有利於當氧化劑？
2. 寫出鉀原子（K）進行氧化時的半反應方程式。
3. 寫出溴原子（Br）進行還原時的半反應方程式。
4. 氧化劑和還原劑有什麼不同？
5. 還原劑還原時，本身會怎樣？

11.2 照相是選擇性的氧化還原反應

6. 溴化銀對照相非常有用，它有何種特別的性質？
7. 照相底片上的溴離子（Br^-）受光線氧化時，什麼東西會還原？
8. 在黑白照片的顯影中，對苯二酚的角色是什麼？

11.3 我們能控制與利用流動電子的能量

9. 電化學是什麼？
10. 在乾電池中使用二氧化錳的目的是什麼？
11. 車用電池在充電時，進行了何種化學反應？
12. 爲什麼燃料電池的電極不會像電池的電極一樣損壞？
13. 什麼是電解，電解電池內部進行的反應有什麼不同？

11.4 氧是腐蝕的禍首，也是燃燒的主角

14. 爲什麼氧是好的氧化劑？
15. 鋅的氧化和鋁的氧化有什麼共同處？

16. 何謂電鍍，它是如何進行的？
17. 腐蝕和燃燒的不同處在哪裡？
18. 腐蝕和燃燒的相似處在哪裡？

高手升級

1. 下面哪一個原子進行氧化反應，是藍球還是紅球？

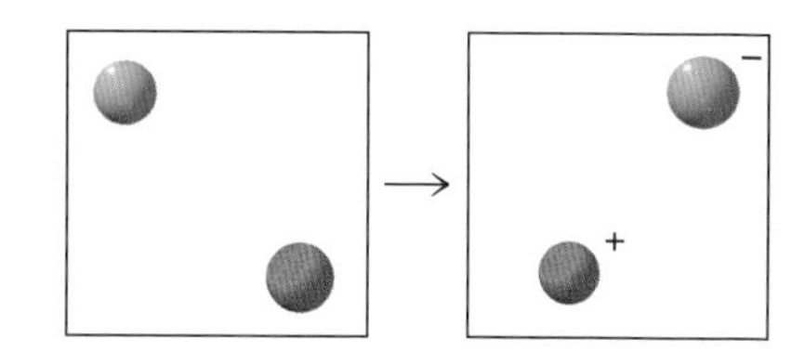

2. 上一題中，哪一個是氧化劑，是藍球還是紅球？
3. 元素的電負度（《觀念化學 II》第 6.6 節）和它做爲氧化劑的能力，有無關聯？與它當還原劑的能力，有無關聯？
4. 元素的游離能（《觀念化學 II》第 5.8 節）與它做爲氧化劑的能力，有無關聯？與它當還原劑的能力，又有無關聯？
5. 根據氯與氟在週期表的相對位置來看，你認爲哪一個是較強的氧化劑？爲什麼？
6. 原子的電負度與它進行氧化反應的能力間，有何關係？
7. 與銅離子（Cu^{2+}）相比，鐵原子（Fe）是較好的還原劑，當鐵釘浸到 Cu^{2+} 離子的溶液中，電子會朝哪一個方向流動？
8. 圖 11.6 中的鹽橋是做什麼用的？
9. 爲什麼電池的陽極用負號標示？
10. 在1827年製鋁的時候，鈉金屬是進行氧化還是還原反應？

11. 爲什麼 Fe^{2+} 和 OH^- 形成氫氧化鐵（$Fe(OH)_2$）的反應，不是氧化還原反應？
12. 你去購物時，車燈開著沒關，現在汽車電池沒電了，電池的 pH 值是增加了，還是減少了？
13. 畫出進行下列氧化還原反應的伏打電池

$$Mg(s) + Cu^{2+}(aq) \rightarrow Mg^{2+}(aq) + Cu(s)$$

哪一個原子或離子進行還原反應？而哪一個原子或離子進行氧化反應？
14. 有一些首飾的製備，是把貴重金屬（像是金）電鍍到較便宜的金屬上。畫出這種程序的裝置。
15. 有一些汽車電池需要定期添加水。加水可以增加還是減少電池供電的能力？請說明理由。
16. 爲什麼如果電池的鋅壁厚一點，能用得久一點？
17. 結構工程師會擔心鐵氧化成銹，但不操心鋁氧化成氧化鋁，爲什麼？
18. 如圖 11.13 所示，在形成兩個分子的氫氧化鐵（$Fe(OH)_2$）時，有多少個電子從鐵原子傳送到氧原子上？
19. 爲什麼燃燒反應都是放熱的？
20. 下圖中，哪一個元素較靠近週期表的右上方？是藍的還是紅的？

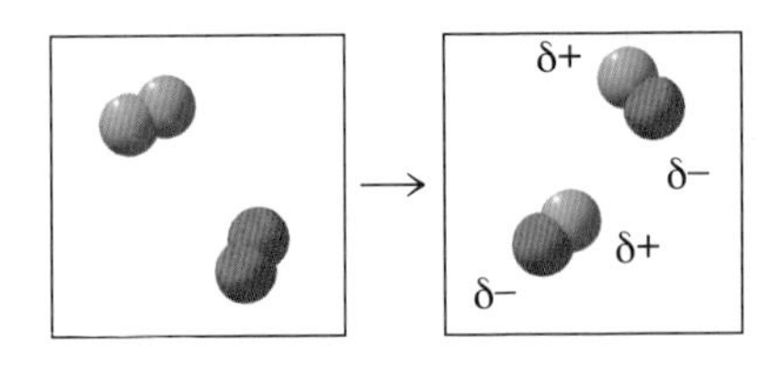

21. 水的質量中有88.88%是氧，氧正是火燃燒得更亮和更旺所需的元素，爲什麼把水加到火中，火不會燒得更亮更旺？
22. 高樂氏（Clorox）漂白劑可用來除去白衣服上的汙漬，它的英文名稱頭尾爲分別

Clor- 及 -ox，你知道它爲什麼取這個名字嗎？

23. 鐵原子比銅原子更易氧化，這對於居家環境而言是好是壞？居家環境中的水管都是用鐵管和銅管連接，請解釋。
24. 銅原子比鐵原子更易還原，這對於美國紐約的自由女神像而言，是好還是壞？自由女神的銅表面，最初是用鋼製的卯釘釘起來的。
25. 燃燒的產物之一是水，爲什麼這個水不會把燃燒的火撲滅？

有機化合物

什麼是有機化合物？

有機化合物就是用碳原子為主組成的分子，

不僅我們身體大部分的分子都是有機化合物，

生活中有很多用品，都是有機化合物的產物，

對於我們的生活裡裡外外都有影響的有機化合物，

我們當然要多加瞭解！

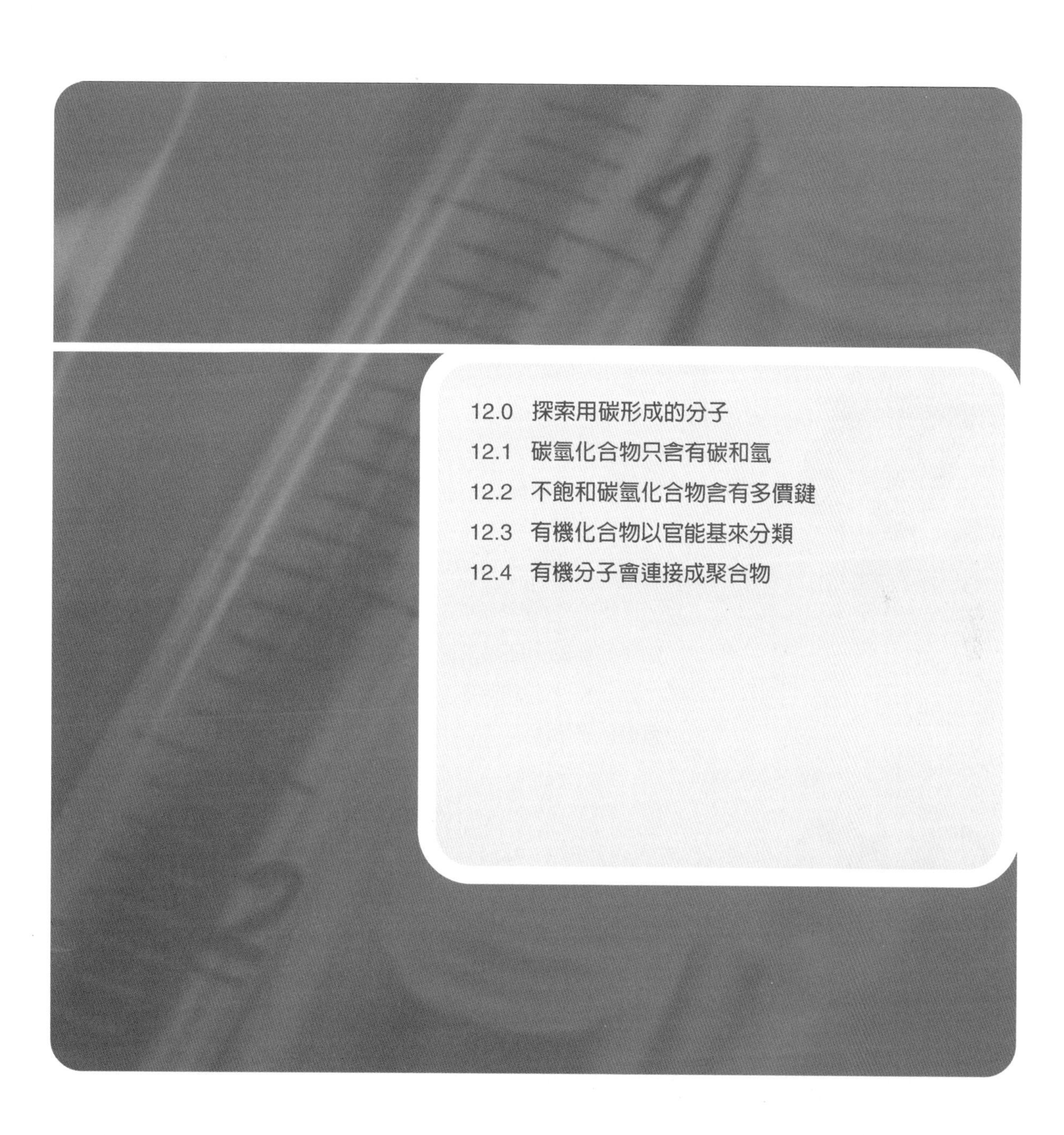

12.0 探索用碳形成的分子
12.1 碳氫化合物只含有碳和氫
12.2 不飽和碳氫化合物含有多價鍵
12.3 有機化合物以官能基來分類
12.4 有機分子會連接成聚合物

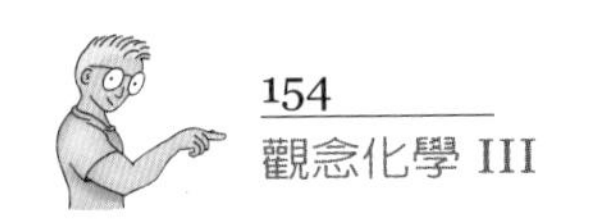

12.0 探索用碳形成的分子

碳原子有互相連接的能力，所以形成了由很多碳組成的分子，而且這些碳鏈上的碳原子可再與其他元素的原子連接，所以就產生了不計其數的各種含碳分子。每一個分子都有它獨特的物理、化學和生物特性。例如，當口中或鼻子的感覺器官感觸到香草醛(vanillin)的時候，你就會嚐到或聞到香草香，香草醛有一個碳原子環，以特殊的方式連接了氧原子。發出香草香的東西，都有香草醛；沒有香草醛，就沒有香草氣味。另外，巧克力的味道並不只來自一種碳化合物，而是好幾種碳化合物經口或鼻吸收而感受到。這些分子中的一種重要分子，就是四甲基吡肼（tetramethylpyrazine），它是碳原子和氮原子以特殊方式形成的環。

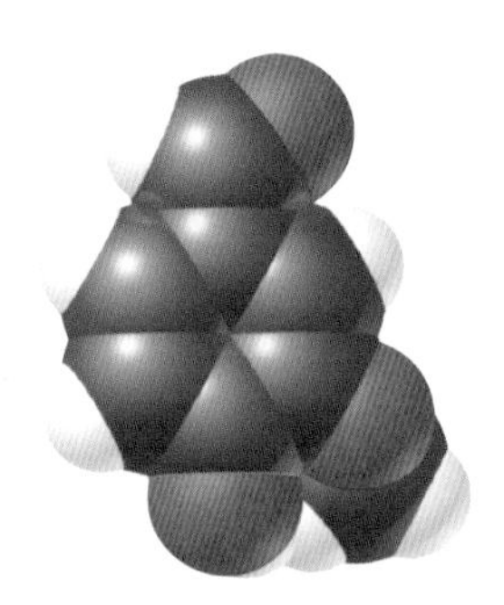

香草醛

生命的根源，是碳原子有能力和其他的碳原子形成各色各樣的結構。爲了反映這個事實，有一門化學是用來研究含碳化合物的，就是**有機化學**。

「有機」（organic）一詞來自「有機體」（organism，也就是生物的意思）。但並不是冠上「有機」一詞就表示對環境無害，我們在《觀念化學 IV》第 15 章討論的農畜產品，會看到相關討論。今天已知的有機化合物超過了1 千 3 百萬種，每一年從自然界新發現到與在實驗室合成出的新有機化合物，約有10萬種（相較之下，由碳以外的元素構成的無機化合物，卻僅發現20萬到30萬種）。

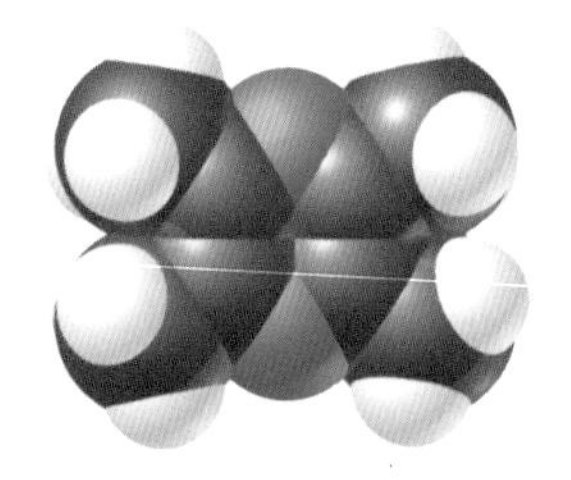

四甲基吡肼

因爲有機化合物和活的生物體關係這麼密切，而且應用範圍廣泛：從調味料到燃料、聚合物、醫藥、農產品等。所以瞭解有機化合物是非常重要的。我們現在從只含碳和氫的最簡單有機化合物開始介紹。

12.1 碳氫化合物只含有碳和氫

只含碳和氫的有機化合物稱爲**碳氫化合物**。它們含的碳與氫，數目各有不同，最簡單的碳氫化合物是甲烷（CH_4），甲烷的每一個分子只含一個碳。甲烷是天然氣的主要成分。碳氫化合物中的辛烷（C_8H_{18}）是汽油成分的一種，每一個分子含八個碳。碳氫化合物的聚乙烯，每一個分子中含有幾百個碳原子和氫原子。聚乙烯是一種塑膠，可以製成牛奶瓶和塑膠袋等很多東西。

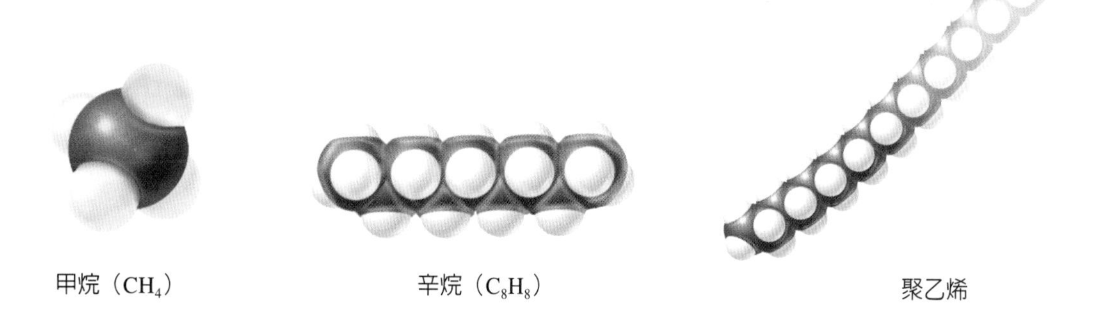
甲烷（CH_4）　辛烷（C_8H_8）　聚乙烯

在碳氫化合物中，每一個碳原子之間的連接方式也不一樣。次頁的圖 12.1 顯示三種碳氫化合物：正戊烷、異戊烷和新戊烷。這些碳氫化合物的分子式都是 C_5H_{12}，但是在結構上互有差異。正戊烷的架構是五個碳原子連成長鏈；異戊烷的主架構有四個碳，在第二個碳上有分支的支鏈；新戊烷則是以中央的碳連接周圍的四個碳。

我們可以看到正戊烷、異戊烷和新戊烷結構的不同，比較清楚的二維表現法，是圖 12.1 的中排，或最下方的條棒結構。條棒結構是表現有機分子的速記標記法。每一條線（或條棒）代表一個共價鍵，碳原子位在兩條或多條直線交叉的地方，或在線條末端（除非線條末端畫有其他原子）。連接到碳原子上的氫原子通常不畫出來，因爲我們要把焦點放在碳原子構成的骨架上。

碳氫化合物中的每一個碳原子，除了末端的兩個碳原子之外，

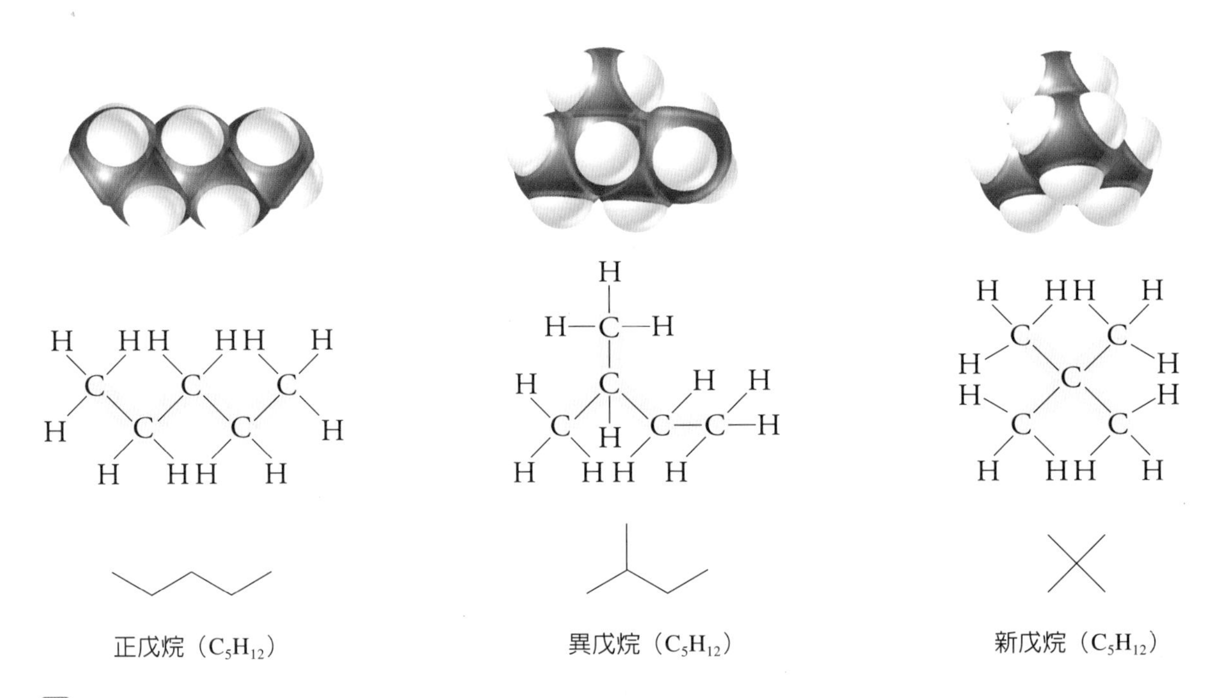

圖 12.1
這三個碳氫化合物都有相同的分子式，但結構上互有差異。此圖用顏色標出二維碳架構的不同。所有的碳－碳共價鍵也可用容易畫製的條棒結構來表示。

若都只接了兩個碳原子，稱爲直鏈碳氫化合物（不要把這個名稱太照字面解釋，事實上它是曲折的，從圖 12.1 可以看到正戊烷是鋸齒狀的）。如果至少有一個碳原子連接了三個或四個碳原子，就稱爲支鏈碳氫化合物。異戊烷和新戊烷都是支鏈碳氫化合物。

正戊烷、異戊烷和新戊烷有相同的分子式，但結構各不相同，這類的分子稱爲**結構異構物**。結構異構物間有不同的物理和化學性質。例如正戊烷的沸點爲 36℃，異戊烷的沸點爲 30℃，而新戊烷的沸點則爲 10℃。

具相同化學式的結構異構物，碳數愈多的分子，會有愈多的結構異構物，而且數目增加得很快。化學式 C_5H_{12} 的分子有 3 種結構異構物，C_8H_{18} 有 18 種，$C_{10}H_{22}$ 有 75 種，而 $C_{20}H_{42}$ 竟衝到 366,319 種！

含碳的分子具有不同的空間位向，稱爲**構形**。彎曲你的手腕、手肘和肩膀的關節，你會發現自己的手臂可以造成不同的構形。同樣的，有機分子也可以扭曲碳－碳單鍵來產生不同的構形。圖 12.2 的結構，就是正戊烷的不同構形。

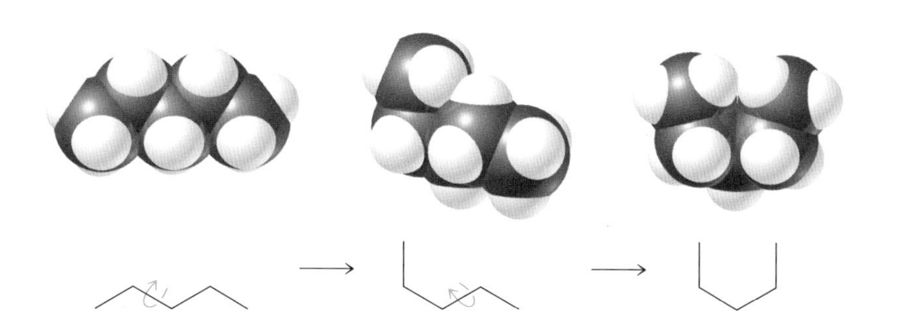

圖 12.2
正戊烷的三種構形。每一種構形看起來似乎都不同，但它的五個碳的架構其實都相同。在液態的正戊烷中，這三種構形的分子都存在，頗像是一籃蠕蟲。

觀念檢驗站

下圖中，要旋轉哪一個碳－碳鍵，才能使異戊烷從「之前」的構形變成「之後」的構形？

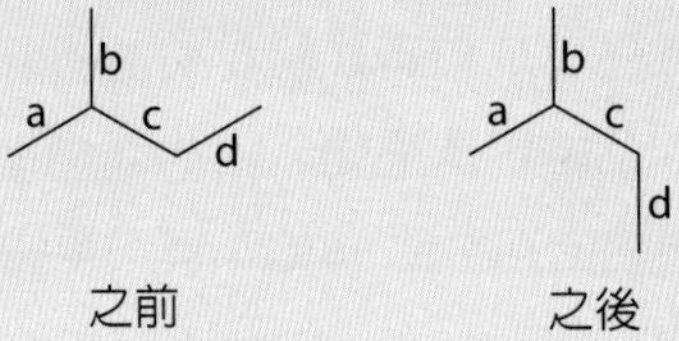

之前　　之後

你答對了嗎？

要回答分子構形這種問題最好的方法，最好是用分子模型親自轉轉看。在本題中，轉動 c 鍵時，會把 d 鍵右端的碳，從紙面上抬起指向你，然後再繼續往前扳向頁面。這種旋轉有如兩個比賽扳手的人，一個的手臂已經被扳得快輸了，快貼到桌面上，忽然間得到神力而轉了半圈，壓倒了對方。

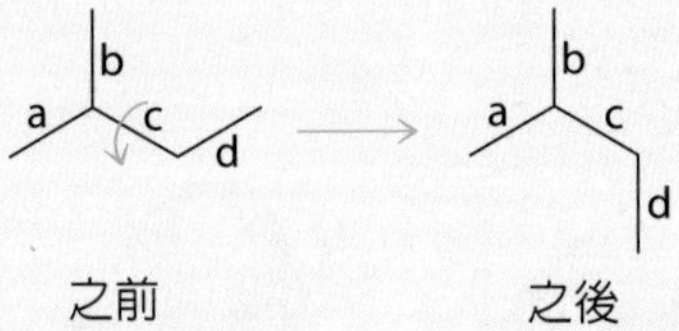

之前　　之後

碳氫化合物主要來自石油或煤炭，是植物或動物體在缺氧狀態腐敗衰變成的。現存的石油及煤炭，大都是在 2 億 8 千年至 3 億 9 千 5 百萬年前形成的。那時，地球上布滿了沼澤，因為沼澤近於海平面，所以週期性的遭淹沒，使得沼澤中的有機物掩埋於海底沈積下，最後變成煤炭或石油。

煤炭是固體礦物，它含有許多複雜的碳氫化合物大分子。今天大多數的煤，是用來煉鋼或用在燒煤的火力發電廠產生電力。石油也稱爲原油，是一種液體，很容易用分餾過程來把它的碳氫化合物組成予以分離，如圖 12.3 所示。原油在管餾器中加熱，溫度高到使大部分的組成都能揮發。熱的蒸氣流到分餾塔底，塔底的溫度比塔頂高，蒸氣逐漸流向塔頂時也漸冷卻，不同的組成開始冷凝出來。焦油和潤滑基礎油等高沸點的碳氫化合物，在較高的溫度下首先凝

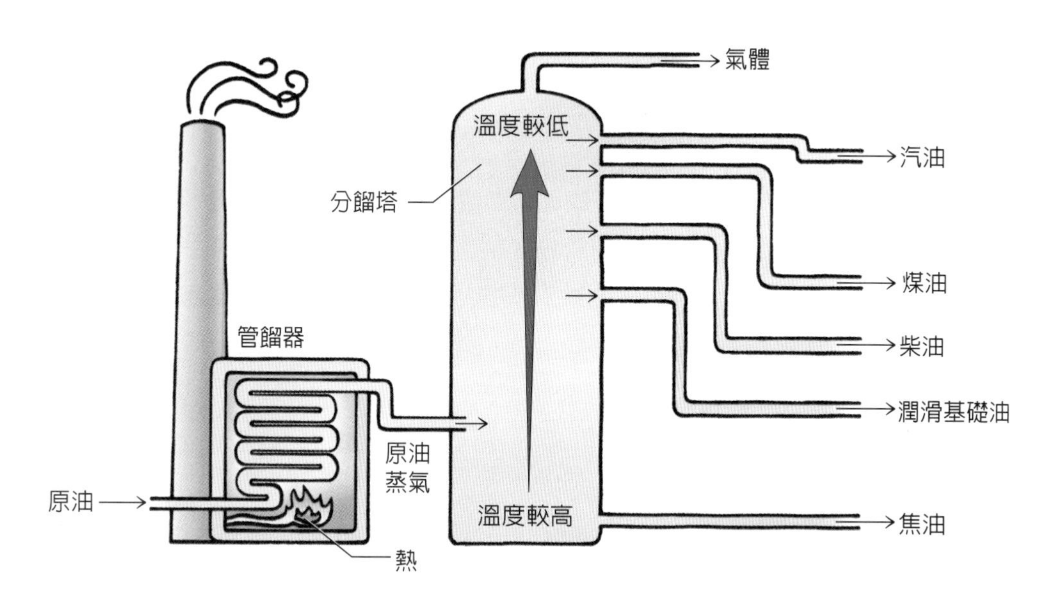

圖 12.3
石油分餾成有用的碳氫化合物組成分的簡單流程圖

結。汽油等低沸點的碳氫化合物，會向上流到分餾塔的上部，在較低的溫度時才凝結。分餾塔的各部分可抽出不同的液體成分。天然氣的主成分是甲烷，甲烷並不會凝結，以氣體狀態在塔頂收集得到。

不同的碳氫化合物會在不同的溫度下凝結，是因爲分子間的吸引力強度各不相同。在《觀念化學 II》的第 7.1 節中曾討論甲烷與辛烷的感應偶極－感應偶極吸引力，因此我們知道較大的碳氫化合物有較大的感應偶極－感應偶極吸引力。所以，較大的分子凝結的溫度較高，會從塔底分餾出來；較小的分子因爲受到相鄰分子的感應偶極－感應偶極吸引力較小，所以在較低溫的塔頂凝結。

從石油分餾塔得到的汽油，含有沸點相近的不同碳氫化合物，這些碳氫化合物在汽車引擎中的燃燒效率各不相同。正庚烷等直鏈的碳氫化合物，因爲燃燒得太快，會引起引擎的爆震，如圖 12.4 所示。

汽油的碳氫化合物如果像異辛烷這樣，有較多的支鍵，會燃燒得較慢，使引擎運轉得較爲平穩。我們用正庚烷和異辛烷這兩種化合物，做爲汽油辛烷值的標準，我們把異辛烷的辛烷值定爲 100，而把正庚烷的辛烷質定爲 0。把汽油的抗爆震性能，與這兩種標準混合液比較，可以得出汽油的辛烷值。

觀念檢驗站

Q

在圖 12.1 中，哪一個結構異構物的辛烷值最高？

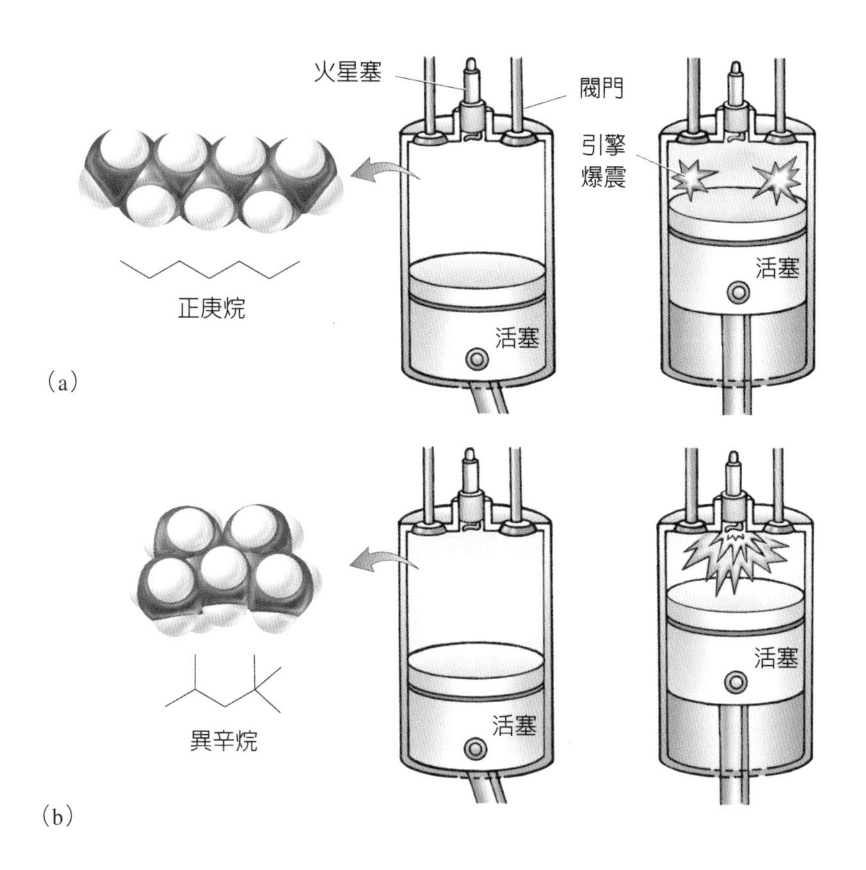

圖 12.4
(a) 正庚烷等直鏈碳氫化合物，在活塞壓縮過程中，火星塞還沒點火，汽油產生的熱就會引起點火，搞亂了引擎循環的時間，引起爆震的聲音。
(b) 異辛烷等支鏈碳氫化合物，燃燒得沒那麼快，不會在壓縮中點火，只在火星塞點火時才點火。

你答對了嗎？

結構異構物的碳架構中，支鏈程度最高的，辛烷值也最高。很明顯，新戊烷是優勝者。這三者的辛烷值如下所列，請參考：

化合物	辛烷值
正戊烷	61.7
異戊烷	92.3
新戊烷	116

12.2 不飽和碳氫化合物含有多鍵

記得在《觀念化學 II》第 6.1 節中講到，碳有四個沒有配對的價電子。圖 12.5 顯示這些電子用來與別的原子（像是氫）的電子配對，形成共價鍵。

圖 12.5
碳有四個價電子。每一個電子都與來自氫原子的電子配成電子對，形成甲烷的四個共價鍵。

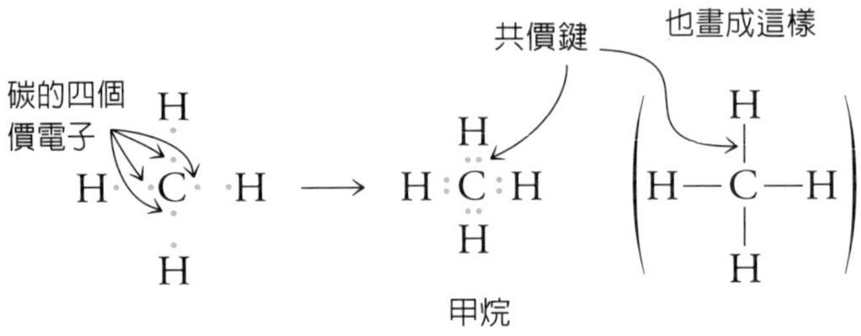

碳的四個價電子

共價鍵

也畫成這樣

甲烷

到目前所談的碳氫化合物，包括圖 12.5 的甲烷，這些碳氫化合物的每一個碳原子，都用四個共價單鍵與四個相鄰原子鍵結。這種碳氫化合物稱爲**飽和碳氫化合物**。飽和的意思就是每一個碳原子都接滿了原子。但在很多情形下，碳氫化合物中的碳原子，鍵結的原子數目少於四個，也就是至少有一個碳與相鄰原子以多鍵鍵結。（關於多鍵，可參考《觀念化學 II》第 6 章的圖 6.18）。

含有多鍵的碳氫化合物，不管含的是雙鍵或參鍵，統統都稱爲**不飽和碳氫化合物**。因爲分子中有多鍵，其中至少有兩個碳，鍵結的原子數目會少於四個。這些碳稱爲不飽和碳。

圖 12.6 比較了飽和碳氫化合物正丁烷，以及不飽和碳氫化合物 2-丁烯。在正丁烷中，中間的兩個碳原子，鍵結的原子數目都是四個，而2-丁烯中間的兩個碳原子，則僅與其他三個原子（一個氫原子和兩個碳原子）鍵結。

有一種很重要的不飽和碳氫化合物是苯（C_6H_6），它可畫成一個扁平的六圓環，裡面含有三個雙鍵，如次頁圖 12.7 所示。但是，它不像其他大部分的不飽和碳氫化合物的雙鍵電子，苯的雙鍵電子並不固定在任何兩個碳原子上，而是在環上自由的移動，所以通常不畫成個別的雙鍵，而是在環內畫成一個圈圈，如圖 12.7b 所示。

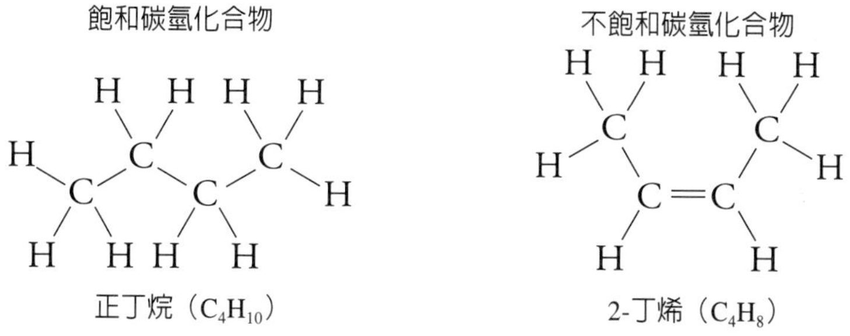

飽和碳氫化合物

正丁烷（C_4H_{10}）

不飽和碳氫化合物

2-丁烯（C_4H_8）

圖 12.6
正丁烷的碳是飽和的，每一個碳都與四個其他的原子鍵結。2-丁烯因為有一個雙鍵，因此有兩個碳是不飽和的，這兩個碳原子僅鍵結三個其他的原子，分子成了不飽和碳氫化合物。

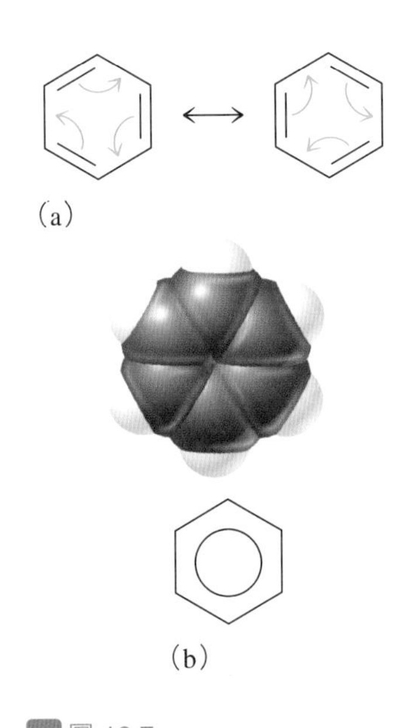

圖 12.7
(a) 苯 (C_6H_6) 的雙鍵可以在環上移動。(b) 因此常常在環上畫一個圈圈來表示。

很多有機化合物結構中含有一個或多個苯環。這類的化合物常有芳香的氣味，所以含有苯環的有機化合物就稱爲**芳香族化合物**(即使其中有的化合物並沒有芳香的氣味)。圖 12.8 舉了幾個芳香族化合物的例子。甲苯是油漆稀釋劑中的常用溶劑，它具有毒性，是飛機黏膠中特殊氣味的來源。萘之類的芳香族化合物，有兩個或多個相接的苯環。在過去，樟腦丸就是用萘製成的，不過今日大部分的樟腦丸是用毒性較小的1, 4-二氯苯製造的。

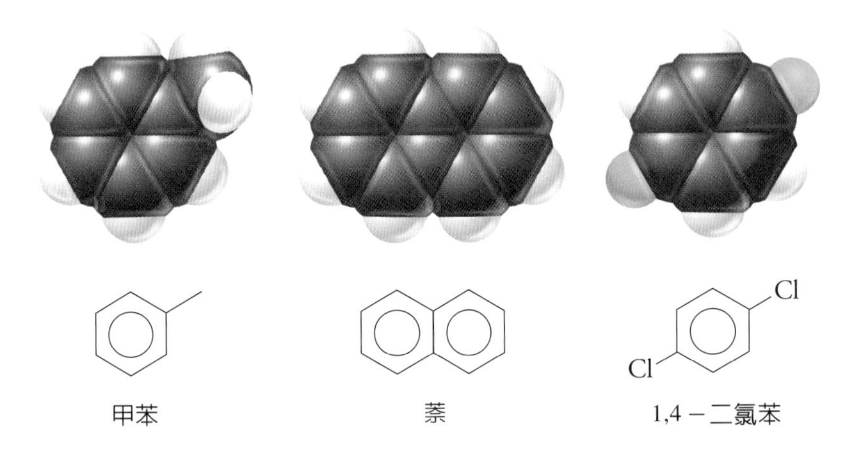

圖 12.8
甲苯、萘和1, 4-二氯苯這三種有氣味的有機化合物，都含有一個或多個苯環。

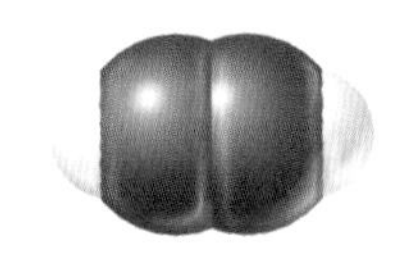

$$H—C\equiv C—H$$

乙炔

圖 12.9
不飽和碳氫化合物乙炔 (C_2H_2) 燃燒時，可以熱到把鐵融化。

乙炔 (C_2H_2) 是含有一個參鍵的不飽和碳氫化合物的例子。乙炔在氧中燃燒的火焰很熱，可以熔融鐵，所以常用於焊接。圖 12.9 是乙炔的結構。

生活實驗室：扭旋軟糖

兩個碳原子以一個單鍵相接時，可以相對的扭轉。如同我們在第12.1所討論的，有機分子由這種旋轉可以產生很多種構形（空間定向）。但碳原子如果以雙鍵連接時，是否也可以相對的扭旋？你可以自己按下面的方法來試試。

■ 請先準備：

軟糖（或口香糖），圓桿牙籤。

■ 請這樣做：

1. 牙籤兩端各插一個軟糖。用一隻手緊抓住其中一個軟糖，另一隻手旋轉第二個軟糖。你可以看到兩個軟糖間的定向改變，是很自由的。
2. 現在捏起兩根牙籤，用這兩根牙籤插入一個軟糖，之後另一頭也插入另一顆軟糖。跟前面一樣，抓住一個軟糖，旋轉另一個軟糖。怎樣才轉得動？

把你的發現與碳－碳雙鍵相對照。圖 12.6 中的哪一個結構，較可能有較多的構形：正丁烷還是2-丁烯？你覺得，碳－碳參鍵好不好扭轉呢？

生活實驗室觀念解析

在這個活動中，你會發現碳－碳雙鍵對於有機分子的可能構形數目，有相當的限制。例如，正丁烷可以扭曲成蛇形，但2-丁烯則只能有兩種可能構形（參考圖 12.6 中，正丁烷與2-丁烯的分子結構）。2-丁烯的其中一種構形是兩個末端的碳在雙鍵的同一邊，稱爲順式構形；兩個末端的碳在雙鍵的相反邊的，稱爲反式構形：

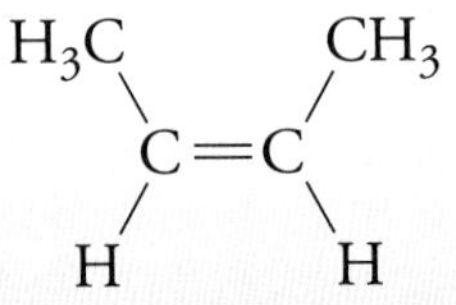

H_3C　　CH_3
$C{=}C$
H　　H

順式-2-丁烯

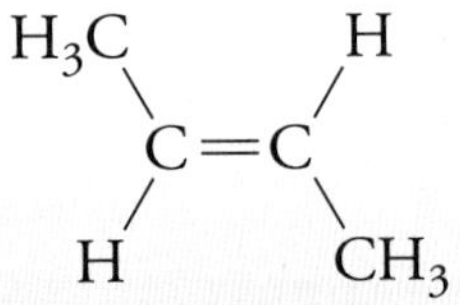

H_3C　　H
$C{=}C$
H　　CH_3

反式-2-丁烯

因為雙鍵不能旋轉，順式和反式構形不能互相轉變，因此是不同的分子（幾何異構物），各有特殊的性質。例如，順式-2-丁烯的熔點是－139℃，而反式-2-丁烯的熔點較高，是－106℃。

觀念檢驗站

Q

長期暴露在苯中可能致癌。阿斯匹靈含有苯環，是不是表示長期服用阿斯匹靈也會有致癌的危險？

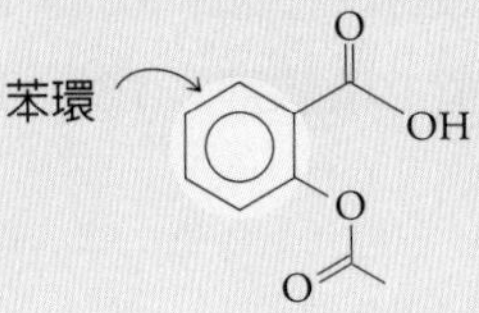

苯環
O
OH
O
O

阿斯匹靈

你答對了嗎？

當然不！雖然苯和阿斯匹靈都有苯環，但這兩種分子是全然不同的結構，所以性質也全然不同。每一個含碳的有機化合物，都有獨特的物理、化學及生物特性。苯有致癌的危險，但阿斯匹靈卻是治療頭痛的安全藥劑。

12.3 有機化合物以官能基來分類

碳原子可以用很多方式跟另一個碳原子或氫原子鍵結，所以有機分子的數量非常的多。此外，碳原子也可以接上其他元素的原子，這更增加了有機分子的數量。在有機化學中，有機分子裡不是碳和氫的原子，統稱爲**異原子**。在這裡，「異」的意思是指它「不同於碳或氫」。

碳氫化合物的結構可以看成在一個架構上，接不同的異原子。類似於把聖誕樹當鷹架，在上面掛各種裝飾品。裝飾品可以裝扮出聖誕樹的特殊情調，異原子也一樣能使有機分子有不同的特性。換句話說，異原子對於有機分子的性質有極深的影響。

以乙烷（C_2H_6）和乙醇（C_2H_6O）來論，這兩個分子只相差一個氧原子。乙烷的沸點爲－88℃，在室溫下爲氣體，不太溶於水。相形之下，乙醇的沸點爲＋78℃，室溫下是液體，可無限溶於水，是酒類飲料的活性成分。再看看乙胺（C_2H_7N），它有相同的基本兩碳架構，但接上一個氮原子之後，就成了具有腐蝕性、刺激性，且有高度毒性的氣體，性質與乙烷、乙醇大不相同。

有機分子按照它們所含的官能基來分類。**官能基**就是有特殊性狀的原子組合。大部分的官能基都含有異原子，一些常見的官能基列於次頁的表 12.1。本節之後的部分，要介紹表 12.1 的各類有機分子。異原子決定了每一類有機分子的性質。你在研究這種物質時，重點在瞭解不同種類化合物的化學和物理性質，這樣你就會體認到有機分子的多樣性與各種應用。

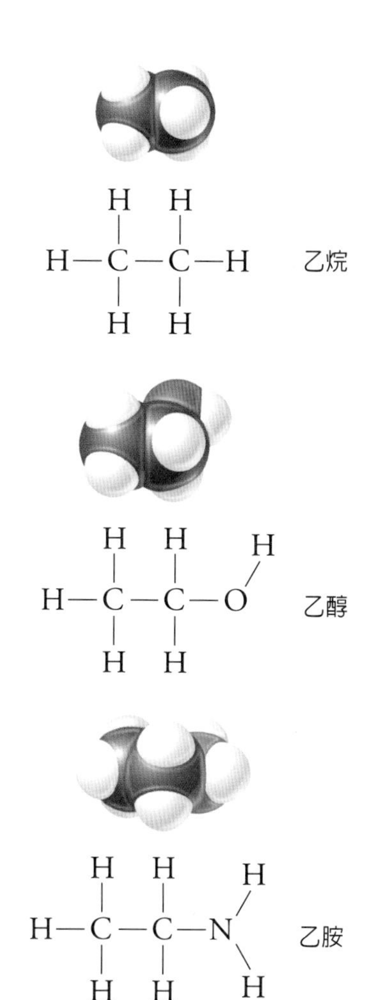

表**12.1** 有機分子的官能基

結構	名稱	類別
−C−OH	氫氧基	醇
C₆ ring −OH	酚基	酚
−C−O−C−	醚基	醚
−C−N	胺基	胺
−C−C(=O)−C−	酮基	酮
−C(=O)−H	醛基	醛
−C(=O)−N	醯胺基	醯胺
−C(=O)−OH	羧基	羧酸
−C(=O)−O−C−	酯基	酯

在有機分子中，異原子的重要性為何？

你答對了嗎？

異原子決定了有機分子大部分的「個性」。

醇類含有氫氧基

醇類是有機分子，它的共通結構是飽和的碳上接有氫氧基（羥基）。氫氧基的單位是「一個氧鍵結一個氫」。因為氫－氧鍵有極性，所以式量低的醇類易溶於極性很大的水。一些常見的醇類以及它們的熔點、沸點列如表 12.2。

—C(—)(—)—OH

氫氧基（羥基）

表 12.2　一些簡單的醇類

結構	學名	俗名	熔點（°C）	沸點（°C）
H—C(H)(H)—OH	甲醇	木精	－97	65
H—C(H)(H)—C(H)(H)—OH	乙醇	酒精	－115	78
H—C(H)(H)—C(H)(OH)—C(H)(H)—H	2-丙醇	異丙醇	－126	97

美國每年生產的甲醇（CH_3OH）超過 500 萬噸，大部分用來製造甲醛和醋酸，甲醛和醋酸是製造塑膠的重要原料。甲醇也是一種溶劑、並且是辛烷值提升劑，也是汽油的抗凍劑。甲醇也稱為木精，這是因為它可以從木材得到。絕不可吞食甲醇，因為它在人體內會代謝成甲醛和甲酸，而甲醛會傷害眼睛，導致失明。甲醛曾有一度用來保存生物的屍體。甲酸是螞蟻咬了我們時，讓我們產生痛感的活性成分，它會降低血液的 pH 值，導致危險。攝入 15 毫升（大約 3 湯匙）的甲醇，就會導致失明，若攝入了 30 毫升就會死亡。

乙醇（C_2H_5OH）是人類最早製造的化學品之一，也是酒精飲料中的「醇」。乙醇是用不同植物的糖做原料，加上某些酵母，經過所謂的發酵過程而得到的。乙醇廣泛用做工業溶劑。長久以來，乙醇都是以發酵法製造的，但現今工業級的乙醇可用石油的副產品，便宜的製造出來，如圖 12.10 所示，用乙烯來生成乙醇。

用發酵法生產的液體中，乙醇濃度小於12%，因為濃度若大於此數值，酵母就會死掉。這就是為什麼用發酵法產製的酒，酒精含量多在 11～12%。若要得到高乙醇濃度的烈酒，如杜松子酒或伏特加酒，發酵液一定要再經過蒸餾。酒精飲料的量度是用 proof 為單

圖 12.10
乙醇可以從不飽和碳氫化合物乙烯來合成，並用磷酸做觸媒。

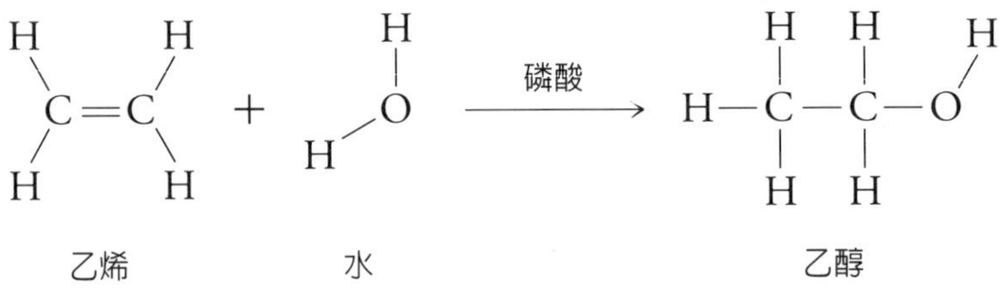

$$\underset{\text{乙烯}}{H_2C{=}CH_2} + \underset{\text{水}}{H{-}O{-}H} \xrightarrow{\text{磷酸}} \underset{\text{乙醇}}{H{-}CH_2{-}CH_2{-}O{-}H}$$

位，它是乙醇百分比的兩倍。例如 86-poof 的威士忌，乙醇的體積百分濃度爲 43%。Proof 一詞，是源自於過去曾使用的酒精測試法。這是用待測的飲料把火藥弄濕，如果飲料中大部分是都水，火藥就無法點燃。如果飲料含有相當量的乙醇，火藥就可點燃，以此當作飲料價值的「proof」（證明）。

第三種爲人所熟知的醇類是異丙醇，也叫做2-丙醇。這是你在藥房買到的擦拭用醇類。雖然2-丙醇的沸點比較高一些，不過也很容易揮發，如果擦到皮膚上，會有顯著的冷卻效果，因此過去曾用來退燒（但如果吞食異丙醇會有中毒。用冷水沾濕毛巾同樣可以達到降溫的效果，而且安全得多）。另外，異丙醇最爲人熟知的用處，是做爲局部殺菌劑。

酚含有酸性的氫氧基

酚含有酚基，酚基是苯環上接一個氫氧基。因爲有苯環存在，在進行酸鹼反應時，氫氧基的氫很容易失去，使酚基有中等酸性。

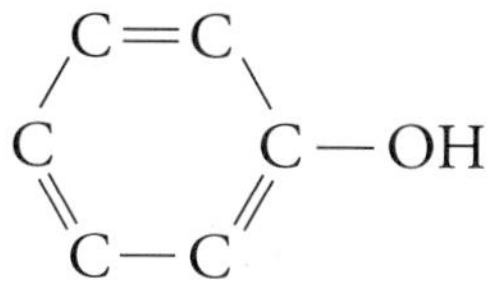

C═C
C　　C—OH
C—C

酚基

酚的酸性成因如次頁的圖 12.11 所示。酸給出氫離子的難易程度與下述條件有關：當酸給出氫離子後，是不是很容易安定得到的負電荷。酚給出氫離子後，會成爲帶負電的苯氧基離子，不過苯氧基離子的負電荷並不拘束在氧原子上。記得苯環上的電子可以在苯環移動嗎？現在情況也類似，苯氧基上帶負電荷的電子也可在環上移動，如圖 12.11 所示。就像一群人拿著滾燙的蕃薯傳來傳去，免得燙傷，也不讓蕃薯掉地上一樣；苯氧基離子上的這個負電荷，因爲可以在苯環上到處傳，所以負電荷可以穩定下來。因爲離子的負電荷受到很好的安置，所以酚基具有酸性。

最簡單的酚類就稱爲酚，形狀如第173頁的圖 12.12 所示。1867

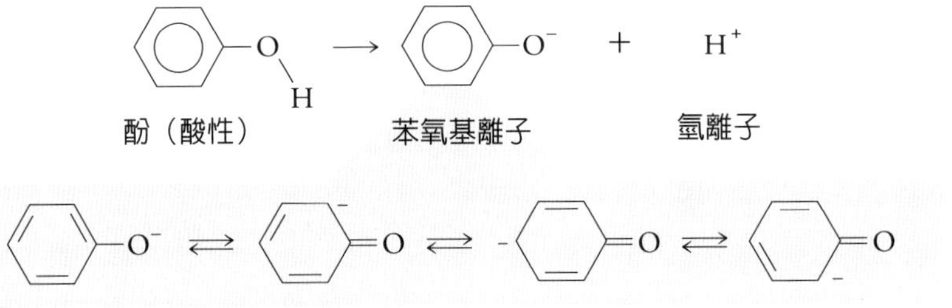

圖 12.11
苯氧基離子的負電荷會在苯環上特定的位置移動。這種移動性有助於安定負電荷，所以酚基容易給出氫離子。

酚（酸性） → 苯氧基離子 + 氫離子

年李士德（Joseph Lister, 1827-1912）發現酚有殺菌的效果，於是把酚應用到外科的器具和開刀的消毒上，大幅增加手術的存活率。酚是人類第一種刻意使用的殺菌溶液與防腐劑。酚會傷害健康的組織，所以後來改用了一些溫和的酚類。例如，4-正己基間苯二酚常用爲止咳劑和漱口水。4-正己基間苯二酚殺菌力比酚更強，但不會傷害組織。李施德霖〔Listerine，以李士德（Lister）爲名〕漱口水含有殺菌酚百里香酚和水楊酸甲酯。

觀念檢驗站

爲什麼醇類不像酚類那麼酸？

你答對了嗎？

醇類的氫氧基沒有苯環鄰接著，如果醇把氫氧基的氫給出去，會在氧上產生負電荷。因爲沒有鄰接的苯環，這個負電荷就無處可去。所以醇類是很弱的酸，酸性與水差不多。

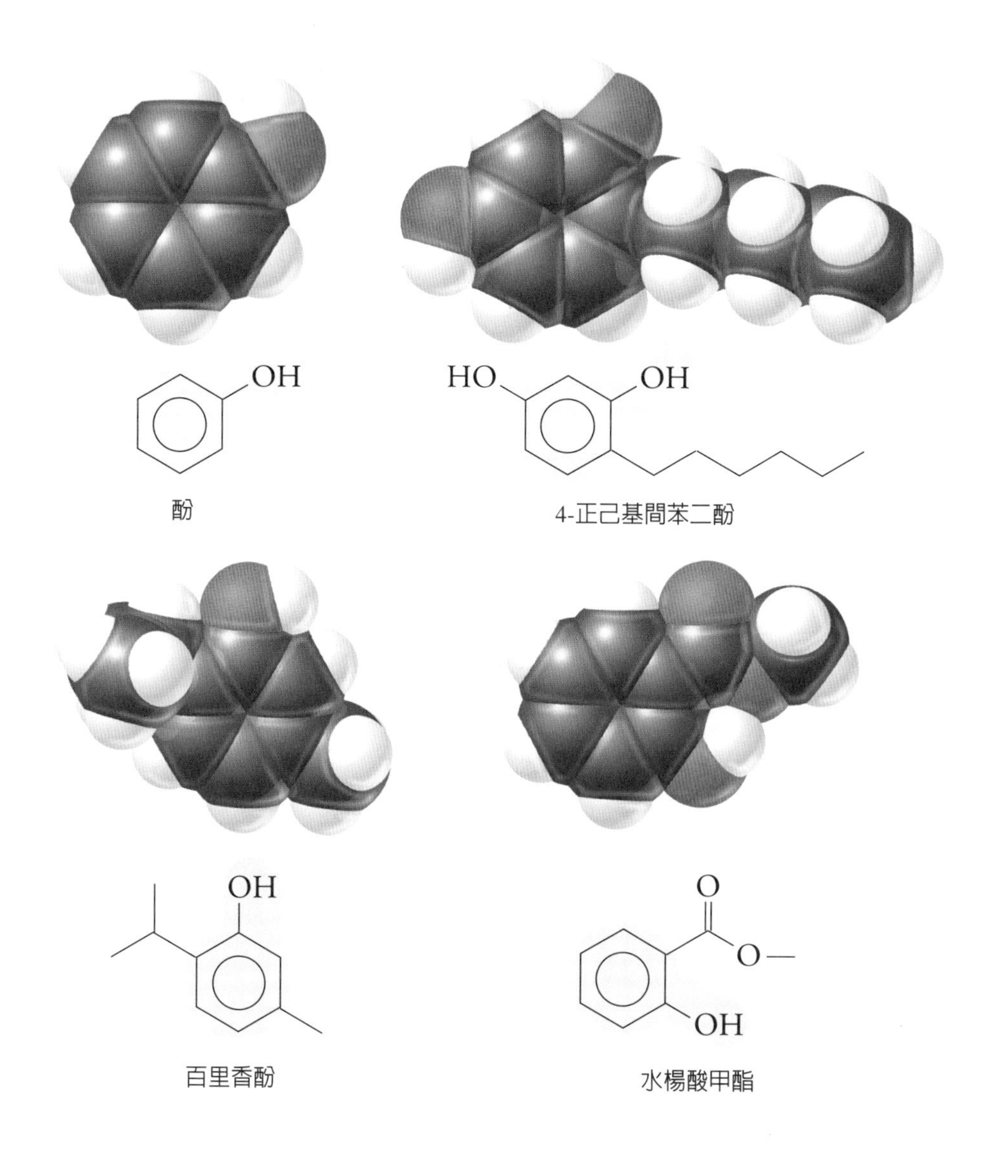

圖 12.12
每一種酚都含有酚基（標示為藍色）

醚基的氧連接著兩個碳原子

$$-\overset{|}{\underset{|}{C}}-O-\overset{|}{\underset{|}{C}}-$$

醚基

醚是有機化合物，構造類似於醇類，不過醚基的氧原子不是連接一個碳和一個氫，而是連接兩個碳。從圖 12.13 可以看到，乙醇和二甲醚有相同的化學式 C_2H_6O，但是它們的物理性質全然不同。在室溫下，乙醇是液體（沸點 78℃），可以和水互溶得很好，但是二甲醚在室溫下是氣體（沸點 －25℃），不太溶於水。

醚類不太溶於水，因爲醚類沒有氫氧基，不能與水形成強的氫鍵（參考《觀念化學 II》 第 7.1 節）。還有，因爲沒有極性的氫氧基，醚類分子的分子間吸引力相當弱，所以不需要太多的能量就可使醚類分子互相分開，所以醚類的沸點都相當低，很容易蒸發。

圖 12.13
醇類（如乙醇）的氧原子，連接著一個碳原子和一個氫原子，但醚類（如二甲醚）的氧原子，則連接兩個碳原子。因為這種差異，相同質量的醇類和醚類，在物理性質上有極大的不同。

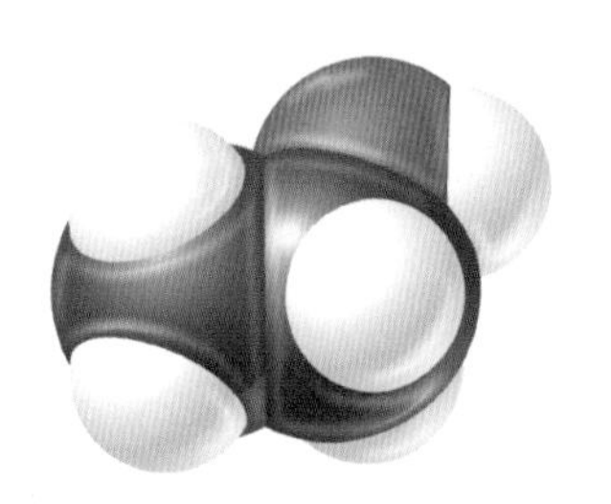

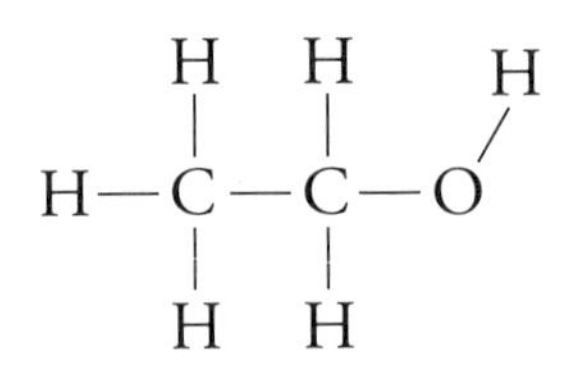

乙醇：可溶於水，
沸點 78 ℃

H O H
C C
H H H H

二甲醚：不溶於水，
沸點 － 25 ℃

二乙醚（或乙醚），如圖 12.14 所示，是首先使用的麻醉劑之一。乙醚的麻醉性質是在 1800 年代早期發現的，這使開刀有了革命性的進展。乙醚在室溫下有高揮發性，吸入的乙醚會很快進入血液中。因爲乙醚對水的溶解度很低且有高揮發性，所以一進入血液中馬上就離開。根據這些物理性質，只要調整吸入的氣體量，就可以控制開刀病人麻醉（失去知覺的狀態）的時間。今天用的氣體麻醉劑，副作用比乙醚小，不過原理是一樣的。

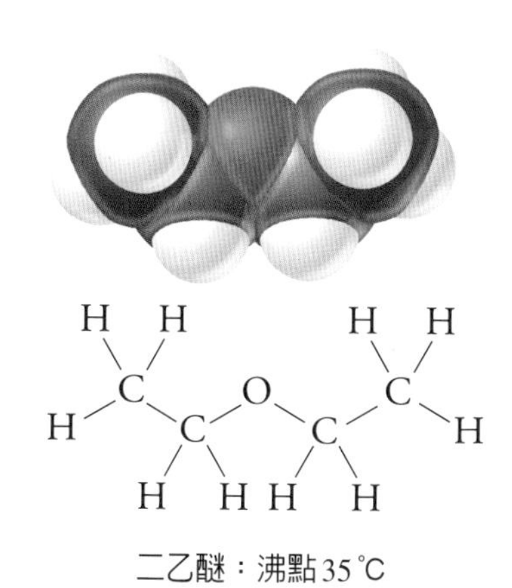

圖 12.14
二乙醚長久以來都用來做麻醉劑。

胺會形成鹼性溶液

胺類的化合物都含有胺基，胺基是一個氮原子連接一個至三個飽和碳的有機化合物。胺一般比醇難溶於水，因爲氮－氫鍵不像氧－氫鍵那麼有極性。胺的極性較小，意味著它們的沸點比同式量的醇類要低。次頁的表 12.3 列出三種簡單的胺。

很多低式量的胺最特殊的物理性質，就是它們令人不快的氣味。圖 12.15 的兩個胺，從名稱就可以看出，它們有腐肉的氣味。

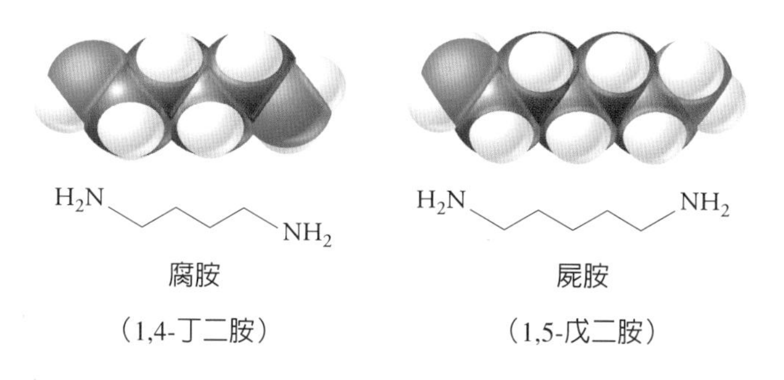

圖 12.15
這些低式量的胺較會有令人不快的氣味。

表12.3 三種簡單的胺

結構	名稱	熔點（°C）	沸點（°C）
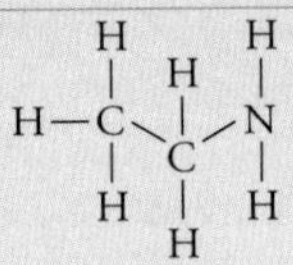 $CH_3CH_2NH_2$	乙胺	−81	17
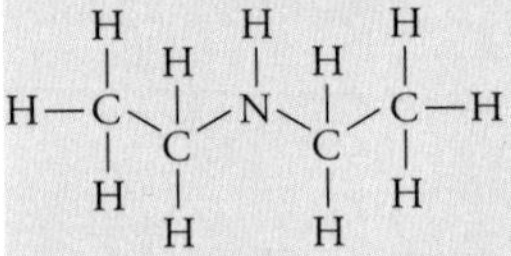 $(CH_3CH_2)_2NH$	二乙胺	−50	55
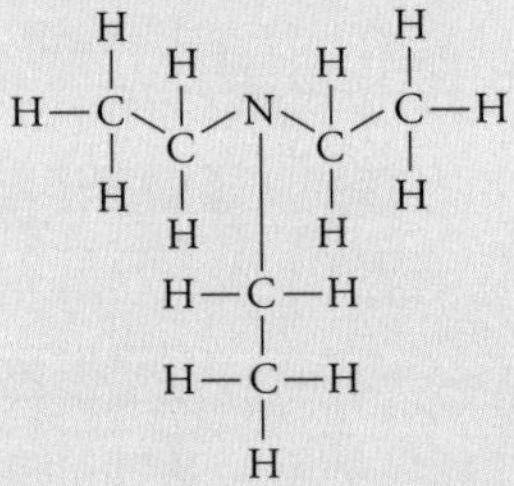 $(CH_3CH_2)_3N$	三乙胺	−7	89

胺一般爲鹼性的，因爲氮原子很容易從水分子中接受氫離子，如圖12.16所示。

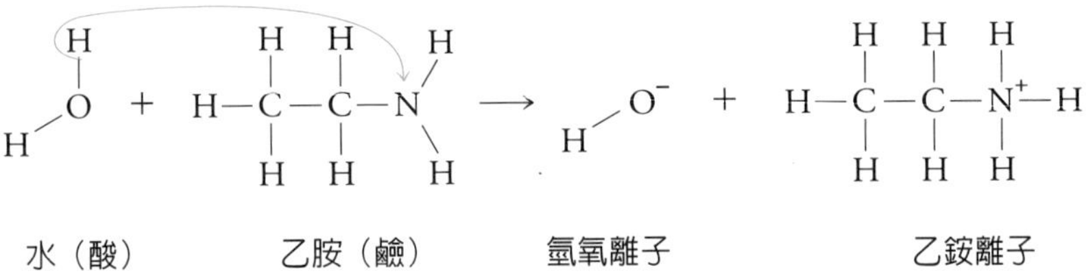

$$H_2O + CH_3CH_2NH_2 \longrightarrow OH^- + CH_3CH_2NH_3^+$$

水（酸）　乙胺（鹼）　氫氧離子　乙銨離子

圖 12.16
乙胺的作用有如鹼，它從水接受氫離子而成為乙銨離子。這種反應產生了氫氧離子並增加了溶液的pH值。

生物鹼（alkaloid）是鹼性的天然複雜分子。許多生物鹼具有醫藥價值，所以很多人有興趣把它們從植物或水生動物的器官中分離出來。如圖 12.17 所示，生物鹼與酸作用會形成鹽，這個鹽很容易溶於水中。而沒有離子化的生物鹼稱爲游離鹼（free base），通常不溶於水。

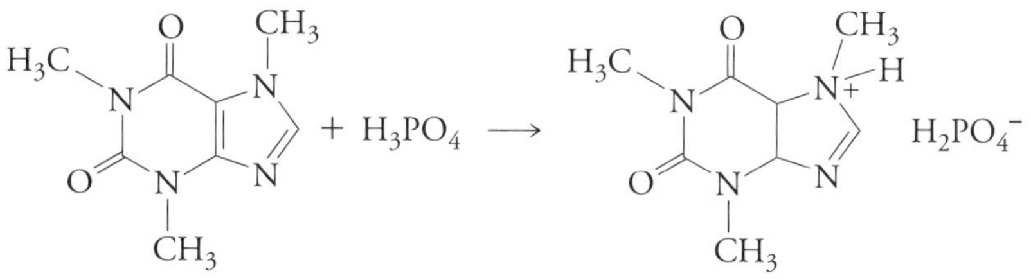

$$\text{咖啡因} + H_3PO_4 \longrightarrow \text{咖啡因-}H^{+} \quad H_2PO_4^{-}$$

咖啡因，游離鹼的形式（不溶於水）　　磷酸　　咖啡因磷酸鹽（可溶於水）

圖 12.17
生物鹼是鹼類，與酸作用會形成鹽，咖啡因就是一種生物鹼，在這裡顯示的是它與磷酸的作用。

天然的生物鹼大部分都不是以游離鹼形式存在的，是與天然的酸——單寧（tannin）形成鹽類，單寧是具有酚基的有機酸，結構相當複雜。生物鹼與這些單寧形成的鹽，通常在熱水中比較容易溶解。咖啡和茶裡的咖啡因是以單寧鹽的形式存在，所以要用熱水沖泡。如圖 12.18 所示，含單寧鹽的飲料會致使汙垢產生。

圖 12.18
咖啡杯或喝咖啡的人的牙齒，之所以會變黃變黑，是因為單寧的緣故。單寧是酸性的，很容易用鹼性洗滌劑清洗掉。在咖啡杯上塗一點點漂白劑，或在牙齒上塗抹烘焙蘇打，都可以把汙垢刷洗乾淨。

觀念檢驗站

為什麼大部分的咖啡因飲料也含有磷酸？

你答對了嗎？

磷酸，如圖 12.17 所示，會與咖啡因反應形成咖啡因-磷酸鹽，比天然的單寧鹽易溶於冷水中。

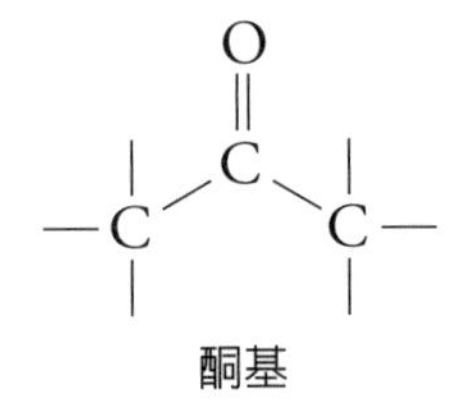

酮基

醛基

酮、醛、醯胺、羧酸和酯類，統統含有羰基

羰基的一個碳原子會以雙鍵連接一個氧原子。有機化合物的酮類、醛類、醯胺類、羧酸類和酯類，統統含有羰基。

酮類也是含有羰基的有機分子，酮裡的羰基連接兩個碳原子。我們最熟悉的酮類就是丙酮，常做為指甲油的去光水，如圖 12.19a 所示。**醛類**是羰基的碳連接一個碳原子和一個氫原子，如圖 12.19b 所示。其中的例外是甲醛，甲醛的羰基連接了兩個氫原子。

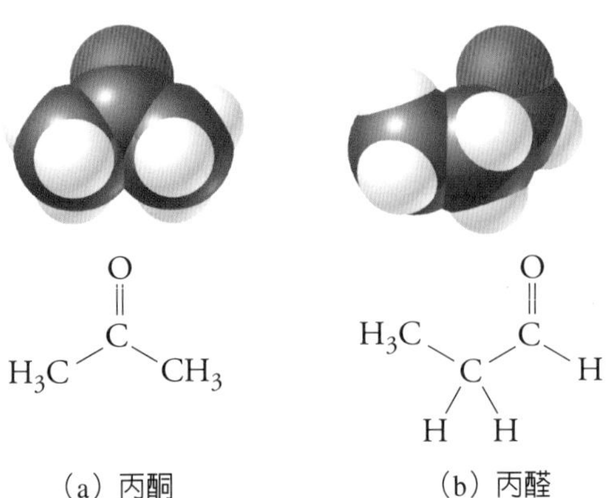

(a) 丙酮 (b) 丙醛

圖 12.19
(a) 羰基的碳，如果連接的是兩個碳原子，產生的就是酮，例如丙酮。
(b) 如果羰基的碳至少連接一個氫原子，就是醛類，例如丙醛。

很多醛類具有特殊香味，例如，令人愉快的花香就是來自簡單的醛類。檸檬、肉桂和杏仁的香味分別來自檸檬醛、肉桂醛和苯甲醛。這三種醛的結構如圖 12.20 所示。

如同本章開頭介紹的，香草醛是香草植物的主要香味分子。你也許注意到香草種子莢和天然香草精相當昂貴，但人工合成的香草精很便宜。人工合成的香草精是香草醛溶液，香草醛可以從木漿工業的廢棄化學物中便宜的合成出來。不過，人工香草精嚐起來和天然香草精並不一樣，因爲天然香草含有其他的氣味分子，味道很複雜。很多用無酸紙印製的書會有香草的氣味，是因爲在紙張老化時會釋出香草醛，散發出香草香，而這個過程會受酸的加速。

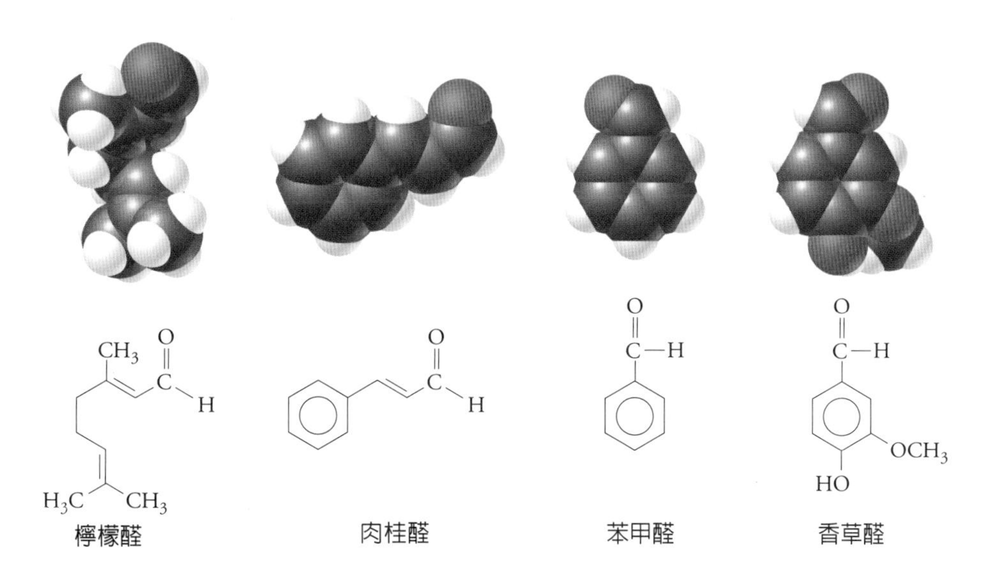

圖 12.20
醛類是許多熟悉香味的來源。

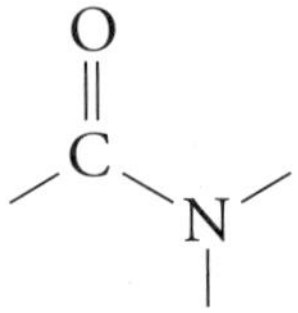

醯胺基

醯胺是含羰基的有機分子，在醯胺的羰基中，碳會連接一個氮原子。大部分的蚊蟲驅逐劑，主成分是化學名稱爲 N, N-二乙基-間-甲苯醯胺的醯胺化合物，商名爲 DEET，結構如圖 12.21 所示。這種化合物並不是殺蟲劑，它們只是使某些昆蟲，特別是蚊子，失去方向感，而不去叮咬塗 DEET 的人。

圖 12.21
N, N-二乙基-間-甲苯醯胺是醯胺化合物，用藍色標明的是醯胺基。

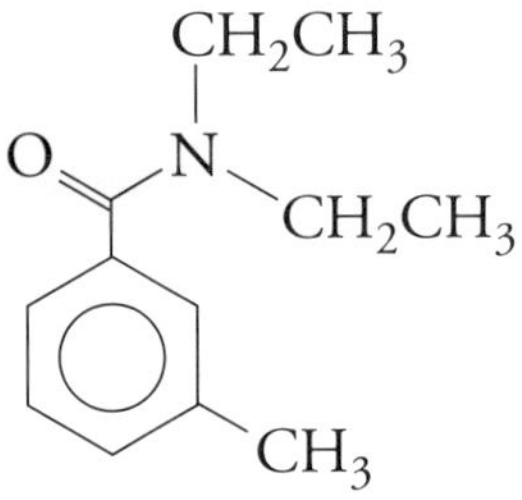

N, N-二乙基-間-甲苯醯胺（DEET）

羧酸是含羧基的有機分子，羧基是羰基上面的碳連接一個氫氧基。羧酸的名稱暗示，它的官能基可以給出氫離子，也就是說，含有這個官能機的分子是酸性的。例如醋酸（$C_2H_4O_2$）這個食用醋的主要成分就是羧酸。你可以回顧第 10 章我們用醋酸來做弱酸的例子。

與酚一樣，羧酸的酸性有一部分是因爲這個官能基可以穩定形成的負電荷。羧酸在給出氫離子後會帶負電荷，如圖 12.22 所示，羧酸失去氫離子後，形成了羧基離子，羧基離子的負電荷在兩個氧之間跑來跑去，這種分布有助於穩定負電荷。

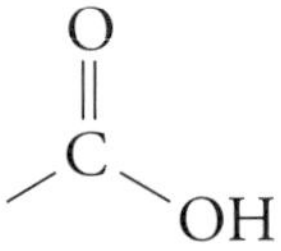

羧基

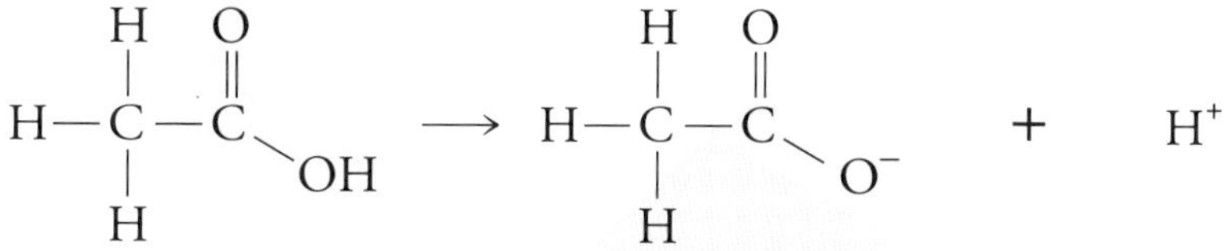

醋酸中的羧基

醋酸離子中的羧基離子

氫離子

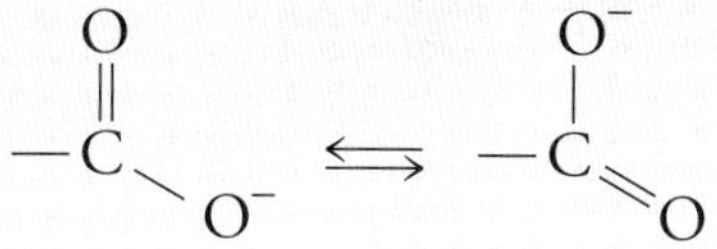

圖 12.22
羧基離子的負電荷在羰基的兩個氧原子之間跑來跑去。

有一種化合物頗讓人感興趣，它含有羧基，也含有酚基，這個化合物就是水楊酸，它是從柳樹樹皮中發現的，分子結構如第 183 頁的圖 12.23a 所示。水楊酸曾製成退燒劑且是重要的止痛藥，但因爲它有兩個酸性的官能基，所以酸性相當高，會引起噁心和反胃。1899 年，德國拜耳公司推出了一種化學改造過的水楊酸，把其中的酚基轉化成酯基。因爲羧基和酚基同時存在，會使水楊酸具有高酸性，把酚基消除掉會使分子的酸性減少很多。這樣得到的化合物就是乙醯水楊酸，酸性較小，較可以忍受，乙醯水楊酸也就是阿斯匹靈的學名，分子式如圖 12.23b 所示。

有機分子的**酯類**相似於羧酸，只是酯類的氫氧基的氫讓一個碳所取代。酯類不像羧酸，它不是酸，因爲它沒有氫氧基的氫。如同醛類一樣，很多簡單的酯類有特別的香味，常用來做爲香料，有一些我們所熟悉的例子就列在次頁的表 12.4 中。

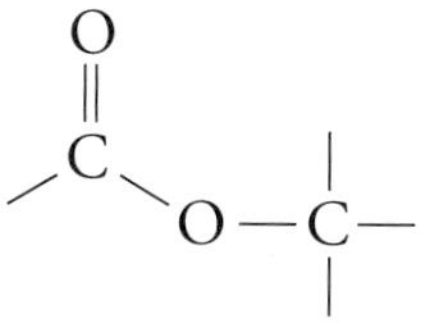

酯基

表 12.4　一些酯類的香氣和味道

結構	名稱	香氣/味道
$H-C(=O)-O-CH_2CH_3$	甲酸乙酯	蘭姆酒
$H_3C-C(=O)-O-CH_2CH_2-C(CH_3)_2-H$	醋酸異戊酯	香蕉
$H_3C-C(=O)-O-CH_2(CH_2)_6CH_3$	醋酸辛酯	橘子
$CH_3CH_2CH_2-C(=O)-O-CH_2CH_3$	丁酸乙酯	鳳梨
$CH_3CH_2CH_2-C(=O)-O-CH_3$	丁酸甲酯	蘋果
$H-C(=O)-O-CH_2-C(CH_3)_2-H$	甲酸丁酯	覆盆子
$C_6H_4(OH)-C(=O)-O-CH_3$	水楊酸甲酯	冬青

羧基

酚基

O

OH

OH

水楊酸

(a)

羧基

O

OH

O

O

酯

阿斯匹靈
（乙醯水楊酸）

(b)

圖12.23
(a) 水楊酸是在柳樹的樹皮中發現的，它是同時含有羧基和酚基的分子。
(b) 阿斯匹靈是乙醯水楊酸，因為它已轉化成酯類，不具有酸性的酚基，所以酸性比水楊酸小。

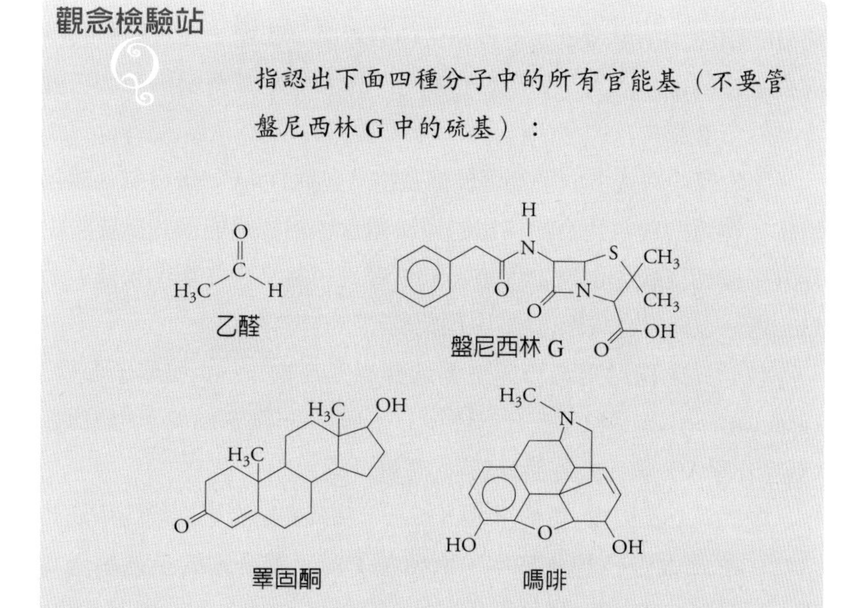

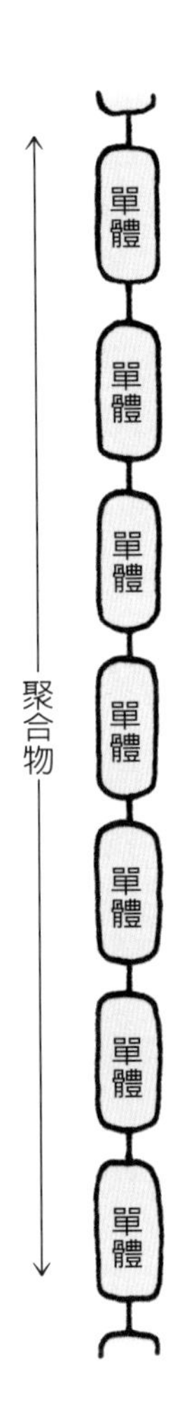

圖 12.24
聚合物是長分子，由很多小的單體分子連接而成。

你答對了嗎？

乙醛：醛基；盤尼西林G：醯胺基（兩個）、羧基；睪固酮：醇基和酮基；嗎啡：醇基、酚基、醚基和胺基。

12.4 有機分子會連接成聚合物

聚合物是很長的分子，由稱爲**單體**的分子重複連接而成，如圖 12.24 所示。單體的結構相當簡單，每一個分子含 4 到 100 個原子。單體鏈接成的聚合物，每一個分子含有成千上萬個原子。這些聚合物分子雖然大，但還是小得無法用肉眼看見；不過，在次顯微的世界裡，它們卻是巨人！如果聚合物分子像風箏線那麼粗，那麼它就會有一公里長。

生物體中有很多分子都屬於聚合物，包括DNA、蛋白質、植物纖維和複雜的碳水化合物構成的澱粉類食物。我們把這些重要的生物分子留到《觀念化學 IV》的第 13 章再討論。現在專門來談人造聚合物（也稱爲合成聚合物），也就是塑膠的材料。

我們先來探討兩種今天主要的合成聚合物──「加成聚合物」（addition polymer）和「縮合聚合物」（condensation polymer），做爲在《觀念化學 V》第 18 章討論塑膠的背景介紹。

如同第186～187頁的表12.5所示，加成與縮合聚合物的用途非常廣，充滿在現代的生活中。例如在美國，聚合物的量已超過鋼鐵，是最廣泛使用的材料。

加成聚合物是單體連接在一起造成的

加成聚合物只是單體的重複單元連接在一起而已。但要如此連接，每一個單體至少要有一個多鍵。如同圖 12.25 所示，聚合作用的發生，是當每一個雙鍵裂開時，雙鍵的兩個電子會和鄰近的單體分子形成新的共價鍵。在這個過程中，不會損失任何原子，也就是聚合物的總質量等於所有單體質量的總和。

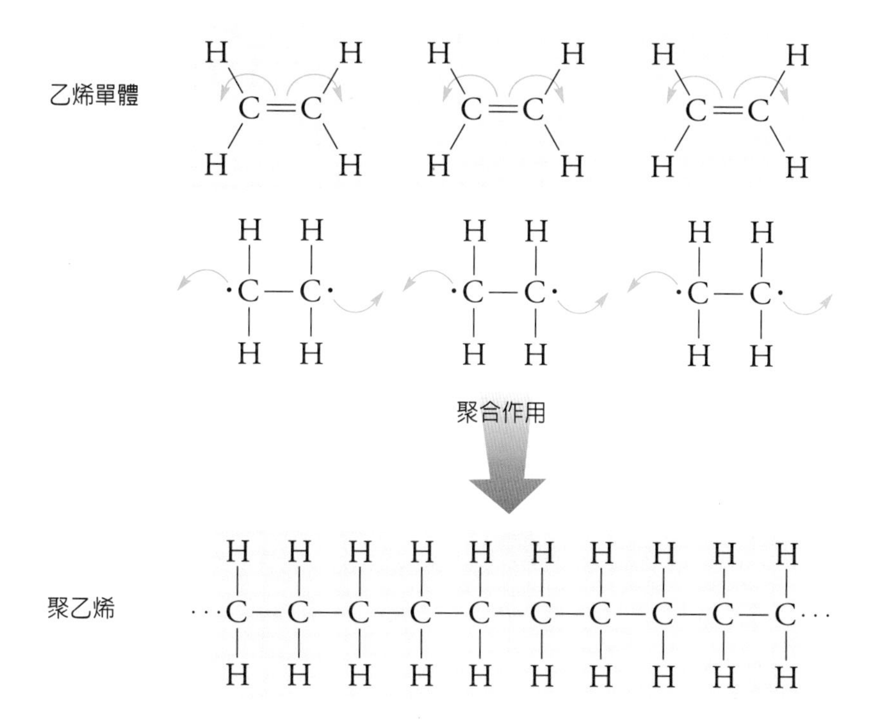

圖 12.25
加成聚合物聚乙烯的形成，是乙烯單體分子的雙鍵裂開時，成為沒有配對的價電子，沒有配對的電子和旁邊碳原子另一個沒有配對的電子連接，形成新的共價鍵，使兩個單體接在一起。

表12.5　加成和縮合聚合物

加成聚合物	單體單元	一般用途	回收代碼
聚乙烯（PE）	$\begin{array}{cc} \mathrm{H} & \mathrm{H} \\ \vert & \vert \\ \cdots\mathrm{C}- & \mathrm{C}\cdots \\ \vert & \vert \\ \mathrm{H} & \mathrm{H} \end{array}$	塑膠袋、瓶子	2 HDPE　4 LDPE
聚丙烯（PP）	$\begin{array}{cc} \mathrm{H} & \mathrm{H} \\ \vert & \vert \\ \cdots\mathrm{C}- & \mathrm{C}\cdots \\ \vert & \vert \\ \mathrm{H} & \mathrm{CH_3} \end{array}$	室內及室外地毯	5 PP
聚苯乙烯（PS）	$\begin{array}{cc} \mathrm{H} & \mathrm{H} \\ \vert & \vert \\ \cdots\mathrm{C}- & \mathrm{C}\cdots \\ \vert & \vert \\ \mathrm{H} & \mathrm{C_6H_5} \end{array}$	塑膠器具、隔熱包裝	6 PS
聚氯乙烯（PVC）	$\begin{array}{cc} \mathrm{H} & \mathrm{H} \\ \vert & \vert \\ \cdots\mathrm{C}- & \mathrm{C}\cdots \\ \vert & \vert \\ \mathrm{H} & \mathrm{Cl} \end{array}$	浴簾、水管	3 V
聚偏二氯乙烯	$\begin{array}{cc} \mathrm{H} & \mathrm{Cl} \\ \vert & \vert \\ \cdots\mathrm{C}- & \mathrm{C}\cdots \\ \vert & \vert \\ \mathrm{H} & \mathrm{Cl} \end{array}$	保鮮膜	—
聚四氟乙烯（鐵氟龍）	$\begin{array}{cc} \mathrm{F} & \mathrm{F} \\ \vert & \vert \\ \cdots\mathrm{C}- & \mathrm{C}\cdots \\ \vert & \vert \\ \mathrm{F} & \mathrm{F} \end{array}$	不沾塗層	—
聚丙烯腈（奧龍）	$\begin{array}{cc} \mathrm{H} & \mathrm{H} \\ \vert & \vert \\ \cdots\mathrm{C}- & \mathrm{C}\cdots \\ \vert & \vert \\ \mathrm{H} & \mathrm{C{\equiv}N} \end{array}$	紗線、衣料	—

表12.5　加成和縮合聚合物（續）

加成聚合物	單體單元	一般用途	回收代碼
聚甲基丙烯酸甲酯（壓克力、塑膠玻璃）	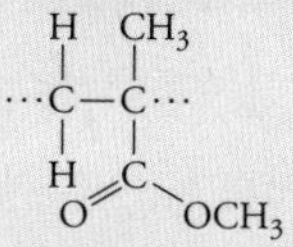 $\cdots C(H)(H)-C(CH_3)(C(=O)OCH_3)\cdots$	窗子、保齡球	—
聚醋酸乙烯（PVA）	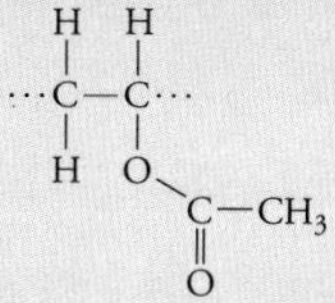 $\cdots C(H)(H)-C(H)(O-C(=O)-CH_3)\cdots$	接著劑、口香糖	—
縮合聚合物	**單體單元**	**一般用途**	**回收代碼**
尼龍	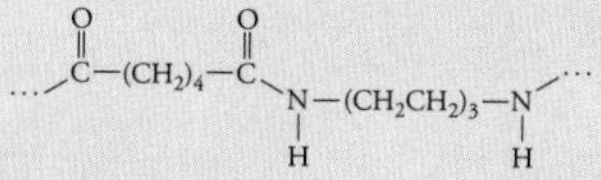 $\cdots C(=O)-(CH_2)_4-C(=O)-N(H)-(CH_2CH_2)_3-N(H)\cdots$	帳棚、衣料	—
聚對苯二甲酸乙二酯	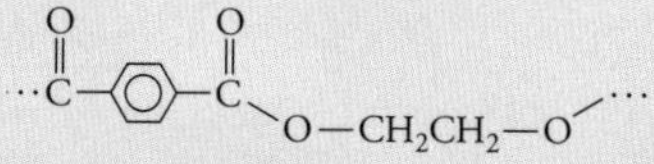 $\cdots C(=O)-C_6H_4-C(=O)-O-CH_2CH_2-O\cdots$	衣料、保特瓶	1 PET
三聚氰胺-甲醛樹脂（美耐皿、美耐板）	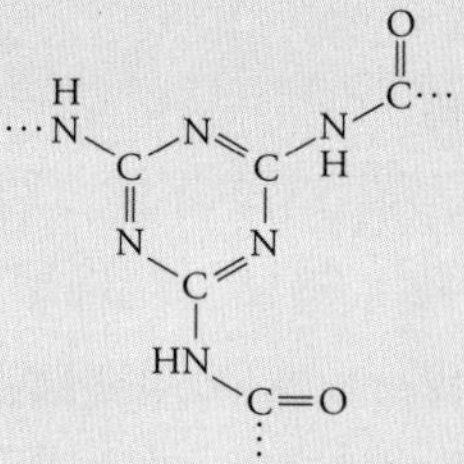 $\cdots N(H)-C_3N_3(-NH-C(=O)\cdots)(-NH-C(=O)\cdots)$	碟子、料理台面	—

美國每年差不多生產了 1 千 2 百萬噸的聚乙烯，相當於每位美國人約可分到 40 公斤。合成所用的乙烯單體為不飽和的碳氫化合物，是從石油大量裂解來的。

聚乙烯主要有兩種，是用不同的觸媒和反應條件製成的。高密度聚乙烯（HDPE），圖示如 12.26a，由長串的直鏈分子密集堆疊在一起，相鄰的長串緊密排列，使得 HDPE 成為相當堅硬有韌性的塑膠，可用來做瓶子和牛奶瓶。

另一種低密度聚乙烯（LDPE），如圖 12.26b 所示，則由有高度支鏈的分子鏈組成的，有這種結構，鏈就不會太緊密堆疊。這使得 LDPE 比 HDPE 更有彎曲性，熔點也較低。HDPE 在沸水中仍可保持原狀，但 LDPE 卻會變形。LDPE 最常用來做為塑膠袋、照相底片和電線的絕緣材料。

圖 12.26
（a）HDPE 的聚乙烯串可以緊密堆疊，很像還沒煮的麵條。
（b）LDPE 的聚乙烯串有支鏈，不能讓分子串緊密堆疊。

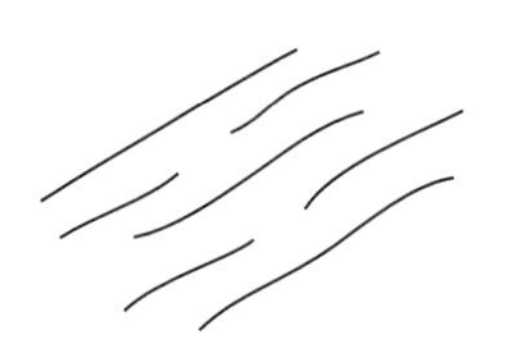
（a）HDPE 的分子串

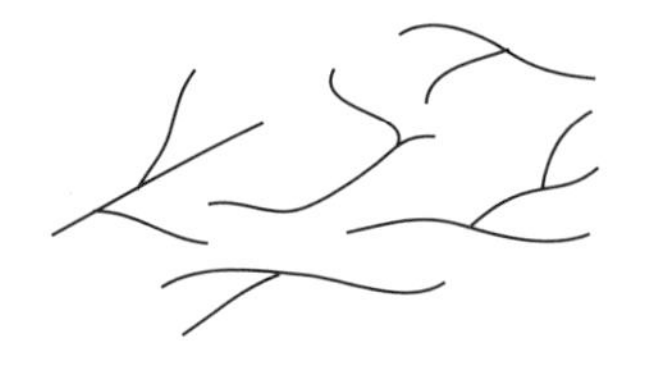
（b）LDPE 的分子串

其他的加成聚合物是用不同的單體來製成的，單體唯一的要求是一定要至少有一個雙鍵。例如，丙烯單體會產生聚丙烯，如圖 12.27 所示。聚丙烯是強韌的材料，用來做管子、硬殼行李箱等。聚丙烯纖維可用來做室內裝飾或地毯，甚至是保暖的內衣褲。

丙烯

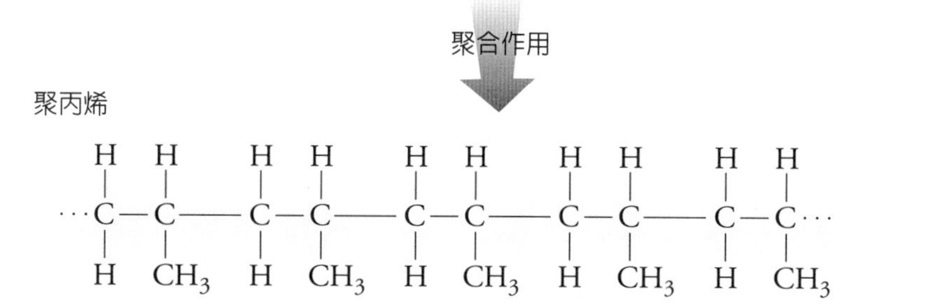

圖 12.27
丙烯單體聚合成聚丙烯

次頁的圖 12.28 顯示用苯乙烯做單體，會產生聚苯乙烯。聚苯乙烯可以做透明塑膠杯和許多家庭用品。把氣體吹入液態的聚苯乙烯，可以製成發泡塑膠，廣泛的用做咖啡杯、包裝材料和隔熱材料。

另一種重要的加成聚合物是聚氯乙烯（PVC），它有韌性且容易模造，地磚、浴簾和管子最常用PVC來製造，聚氯乙烯的結構如次頁的圖 12.29 所示。

加成聚合物聚偏二氯乙烯（如第191頁的圖 12.30 所示），用來做包裝食物的塑膠保鮮膜。這種聚合物中，較大的氯原子用偶極—感應偶極吸引力，與玻璃等物體的表面相吸，與《觀念化學 II》 第 7.1 節所討論的情況一樣。

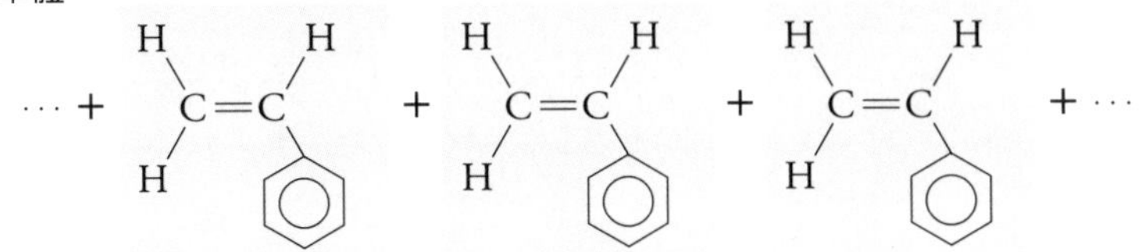

聚苯乙烯

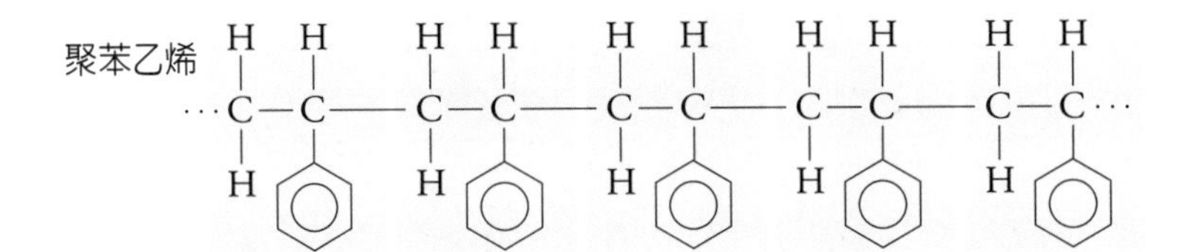

圖 12.28
苯乙烯單體聚合成聚苯乙烯

圖 12.29
PVC 有韌性、容易模造，可加工成很多家用品。

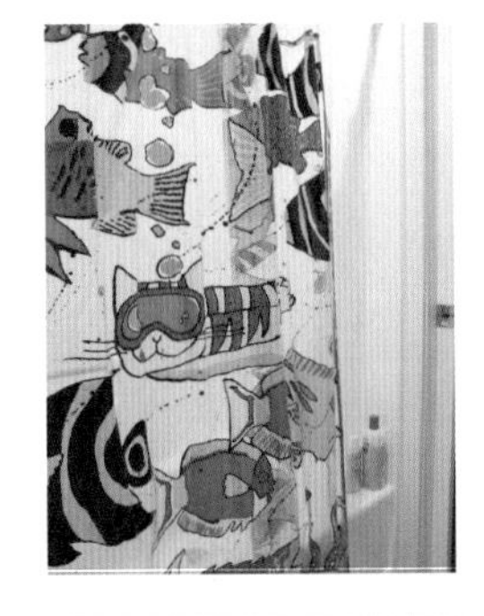

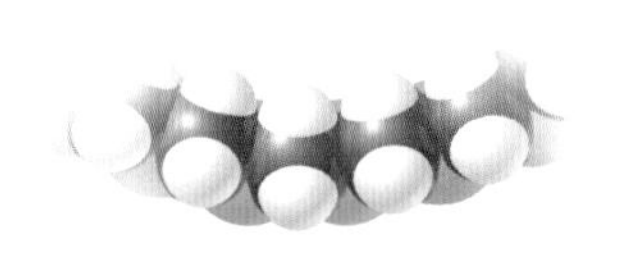

聚氯乙烯

$$\cdots\mathrm{-CH_2-CHCl-CH_2-CHCl-CH_2-CHCl-CH_2-CHCl-CH_2-CHCl-}\cdots$$

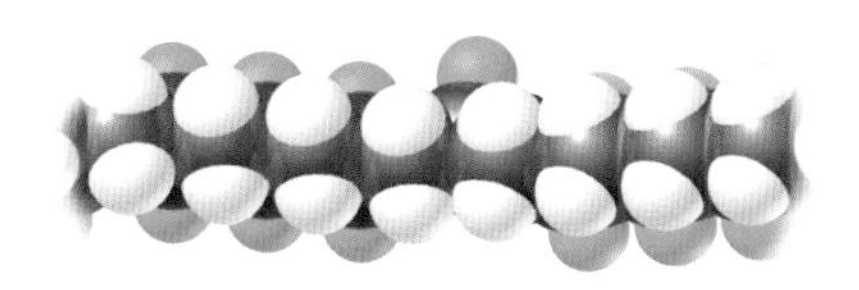

聚偏二氯乙烯

$$\cdots\begin{matrix} H & Cl & H & Cl & H & Cl & H & Cl & H & Cl \\ | & | & | & | & | & | & | & | & | & | \\ C- & C- & C- & C- & C- & C- & C- & C- & C- & C \\ | & | & | & | & | & | & | & | & | & | \\ H & Cl & H & Cl & H & Cl & H & Cl & H & Cl \end{matrix}\cdots$$

圖12.30
聚偏二氯乙烯有大的氯原子，故使此加成聚合物有黏著性。

另一種加成聚合物是聚四氟乙烯，如圖 12.31 所示，這就是大家都知道的鐵氟龍。它和含氯的聚偏二氯乙烯相反，含氟的鐵氟龍表面沒有黏性，因為氟原子的分子間吸引力較小。還有，因為碳氟鍵特別強，鐵氟龍可以加熱到很高溫才分解。這些性質使鐵氟龍很適合做烹飪器具的塗層。也因為它有相當的惰性，所以很多腐蝕的化學品都用鐵氟龍容器來運輸或儲存。

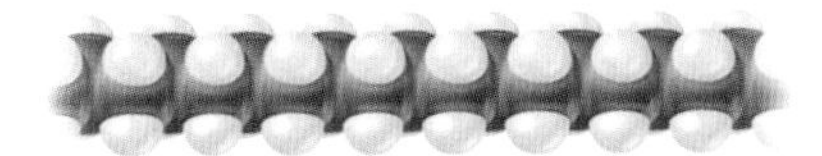

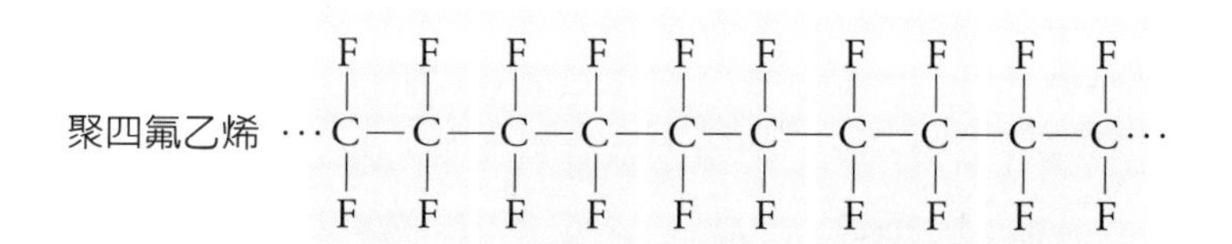

圖12.31
聚四氟乙烯中氟原子的分子間吸引力較小，所以此加成聚合物用來做沒有黏性的塗層和潤滑劑。

觀念檢驗站

加成聚合物的單體有什麼共通性？

你答對了嗎？

在兩個碳原子之間有一個共價雙鍵。

縮合聚合物形成時，會損失小分子

縮合聚合物的單體單元連接成聚合物時，會失去水或氯化氫等小分子。可以做縮合聚合物的單體，分子的兩端一定要有官能基。當兩個這種單體聚在一起形成縮合聚合物時，第一個單體的一個官能基與另一個單體的一個官能基連接起來，形成有兩個單體的單元，而且這個單元的兩個末端各有一個官能基，由原來的單體各提供一個。由兩個單體分別得來的末端官能基，可以自由的和第三個單體的一個官能基鍵結，然後接上第四個，如此繼續下去形成聚合物鏈。圖 12.32 顯示這種縮合程序，在這個反應的產物是尼龍。

尼龍是在 1937 年由杜邦的化學家凱若瑟（Wallace Carothers, 1896-1937）創造出來的。尼龍由兩種不同的單體組成，如圖 12.32所示，屬於共聚物（copolymer）之類。其中一種單體是己二酸，它含兩個有活性的末端官能基，這兩個官能基都是羧基。第二種單體是己二胺，它的兩個胺基也是有活性的末端官能基。己二酸分子的一端和己二胺分子的一端會互相反應，在反應過程中會脫去一個水分子。這兩個單體結合後，仍留下有活性的末端官能基，可再繼續反應，使聚合物鏈逐漸增長。尼龍除了做襪子以外，也大量用來做繩子、降落傘、衣料以及地毯。

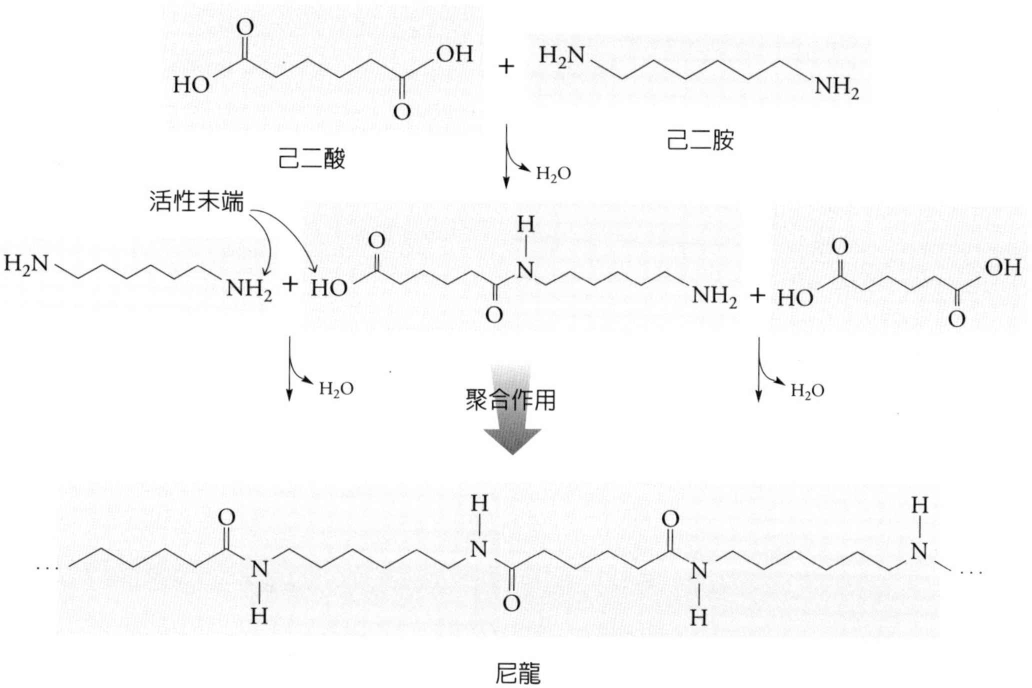

己二酸　己二胺

活性末端

聚合作用

尼龍

圖 12.32
己二胺和己二酸聚合形成縮合共聚物尼龍。

觀念檢驗站

Q 下圖的化合物是 6-胺基己酸，它適合形成縮合聚合物嗎？如果適合，它形成的聚合物結構是怎樣？縮合時還會產生哪種小分子？

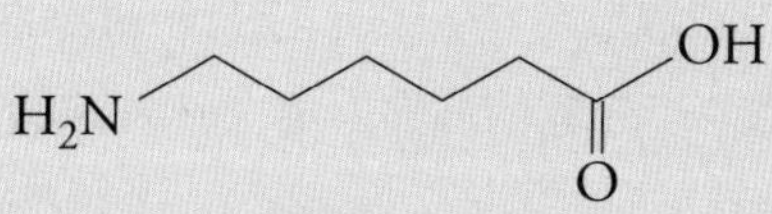

你答對了嗎？

這個化合物適合進行縮合反應，因爲它有兩個活性末端。這兩個末端和圖 12.32 的末端一樣。所不同的是，這兩種活性末端都在同一種分子上。6-胺基己酸單體結合時會產生出水分子，形成的聚合物是尼龍-6，如下圖所示。

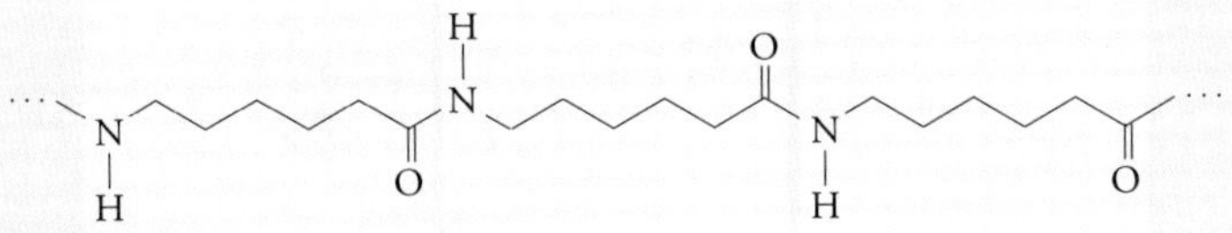

另一種廣泛使用的縮合聚合物，是聚對苯二甲酸乙二酯（PET），由乙二醇和對苯二甲酸共聚合而成，結構如圖 12.33 所示。保特瓶就是用這種聚合物製造的，PET 也是聚酯纖維「達克綸」（Dacron）的原料，可做衣料、枕頭和睡袋的塡塞料。PET 的膜片稱爲密拉（Mylar），可以和金屬粒子一起做塗層，製成有磁性的紀錄磁帶，或是有金屬光澤的氣球。

單體若含有三個活性官能基時，也可以形成聚合物鏈。這些鏈會互相鏈鎖，形成堅硬的三維網狀組織，使聚合物有相當的強度和耐用性。這些縮合聚合物一旦形成後，就不能再熔解或再塑形，所以已經是硬定型了，也稱爲熱固性（thermoset）聚合物。

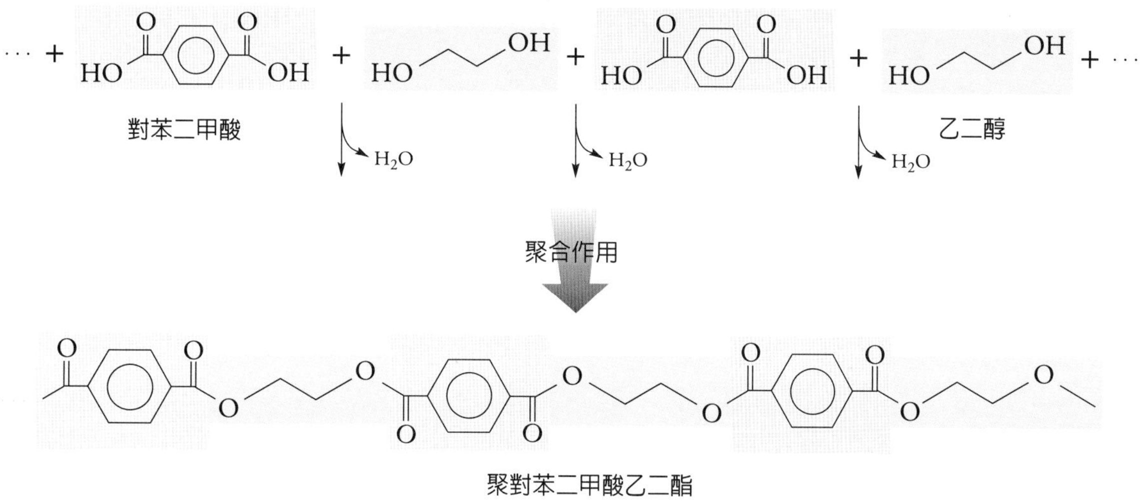

對苯二甲酸

乙二醇

H_2O

聚合作用

聚對苯二甲酸乙二酯

圖 12.33
對苯二甲酸和乙二醇可以形成縮合聚合物聚對苯二甲酸二乙酯。

熱固性聚合物標準的例子如次頁圖 12.34 所示的密胺樹脂，它是由甲醛和三聚氰胺（melamine）反應而成的。硬的塑膠碟子（美耐皿）和流理台面（美耐板）就是用這種材料製成的。與此相似的聚合物是貝克來特（Bakelite），它是由甲醛和酚製成的，內含許多氧原子，可以用來黏合三夾板和塑合板。貝克來特早在 1900 年代早期，就合成出來了，它也是第一種廣泛使用的聚合物。

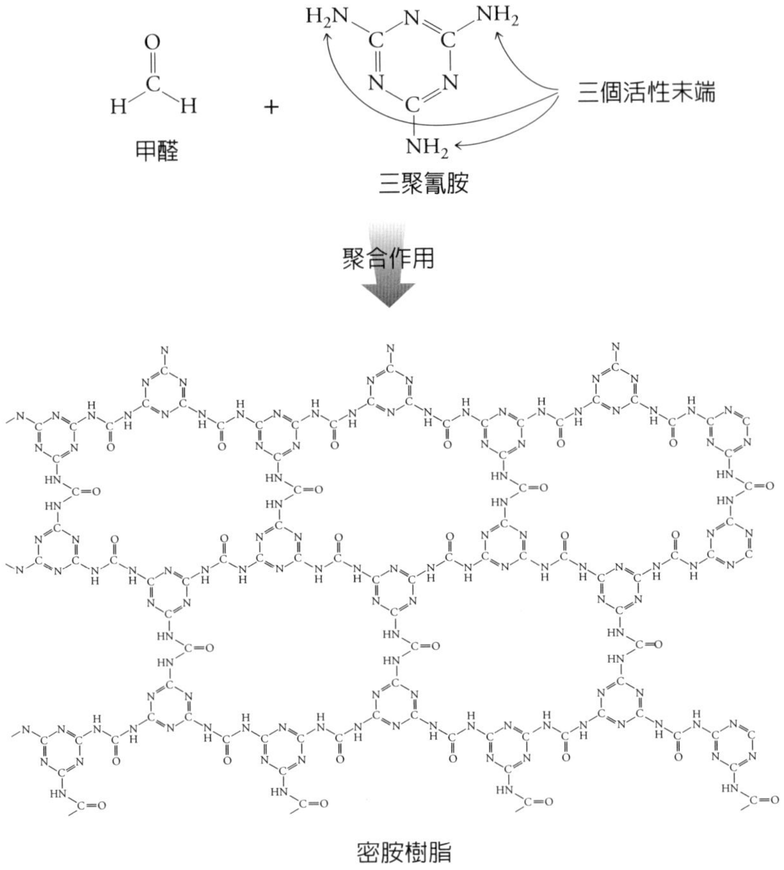

甲醛 + 三聚氰胺

三個活性末端

聚合作用

密胺樹脂

圖 12.34
三聚氰胺有三個活性官能基，可以和甲醛聚合形成三維的網狀結構。

生活實驗室：水滴比快

聚合物的化學組成，對於聚合物的巨觀性質有很大的影響。你可以做實驗來觀察：放一滴水在新的塑膠袋上，然後把袋子縱向放直，水滴就會跑下來，仔細觀察水的行爲。現在取一張新的保鮮膜，也同樣看水滴滴下的快慢。比較水在塑膠袋和保鮮膜上滾動的情況。

大部分塑膠袋是由聚對苯二甲酸乙二酯做的，而保鮮膜則由聚偏二氯乙烯做的。你可由表12.5 仔細看看它們的化學組成有什麼不同。哪一個含有較大的原子？哪一個會和水有較強的偶極－感應偶極作用力？若對這些問題需要協助，請參考《觀念化學 II》的第 6.7 節和 7.1 節。

生活實驗室觀念解析

你也許需要多練習幾次，才能感覺水滴在塑膠袋和保鮮膜之間親和力的差別。其中一種方法是把聚合物的每一邊都拉直，牢牢的貼在硬紙板上。把硬紙板傾斜成不同的角度，測試水滴傾斜滾下的速度，看看在這兩種表面上水滴的行爲有何不同。最後，你應該會發現，水滴在保鮮膜（聚偏二氯乙烯）上會，滾動的速度比在塑膠袋（聚對苯二甲酸乙二酯）上來得慢。保鮮膜的黏性來源是聚偏二氯乙烯上的氯原子。從《觀念化學 II》的第 7.1 節，你可以知道較大的原子，較易形成感應偶極的分子間作用力。

此外，你把兩張保鮮膜相疊時，應該也可以感覺出保鮮膜有較大的黏性。

想一想，再前進

合成聚合物工業在過去 50 年來成長得非常快速。單以美國而言，聚合物的年生產量就從 1950 年的 13 億公斤成長到 2000 年的 453 億公斤。今天，你如果想找出哪種消費產品是不含塑膠的，可能是大挑戰。不信的話，你自己試試看。

在未來，要注意新的聚合物的多樣性質與廣泛應用。我們已經有了可以導電的聚合物與發光體、某些器官的替代物、還有比鋼鐵更強更輕的聚合物。也許將來會有聚合物可模仿光合作用，把太陽能轉化成化學能，或有聚合物可從海水有效分離出淡水。事實上這些並不是夢想，化學家已在實驗室中做到了。聚合物爲未來鋪造了光明的前景。

塑膠工業只是有機化學知識發展的一條途徑而已。我們將在第 13 章（《觀念化學 IV》）探討生物體的化學，我們知道生物是由碳水化合物、脂肪、蛋白質、和核酸所構成，而這一些物質都是本章已經介紹過的，含有各種官能基的聚合物。

關鍵名詞

有機化學 organic chemistry：研究含碳化合物的化學。（12.0）

碳氫化合物 hydrocarbon：僅由碳原子與氫原子構成的化合物。（12.1）

結構異構物 structural isomer：分子式相同。但化學結構不同的分子。（12.1）

構形 conformation：一個分子可能構成的空間方位。（12.1）

飽和碳氫化合物 saturated hydrocarbon：不含多重共價鍵的碳氫化物，每一個碳都與四個其他的原子鍵結。（12.2）

不飽和碳氫化合物 unsaturated hydrocarbon：至少含有一個多重共價鍵的碳氫化合物。（12.2）

芳香族化合物 aromatic compound：含有苯環的有機化合物。（12.2）

異原子 heteroatom：有機分子中，除了碳、氫原子以外的原子。（12.3）

官能基 functional group：有機化合物上由特定原子組成的單元，具有特殊的化學性質。（12.3）

醇類 alcohol：有機分子，在飽和的碳上有氫氧基。（12.3）

酚類 phenol：有機分子，苯環上連結一個氫氧基。（12.3）

醚類 ether：有機分子，特徵是分子中有一個氧原子與兩個碳原子結合。（12.3）

胺類 amine：一種有機化合物，特徵是一個或多個飽和的碳原子與氮原子形成鍵結。（12.3）

羰基 carbonyl group：一個碳原子與一個氧原子以雙鍵結合，出現在酮類、醛類、醯胺類、羧酸類及酯類化合物中。（12.3）

酮類 ketone：一種有機分子，特徵是羰基上的碳與兩個碳原子結合。（12.3）

醛類 aldehyde：羰基上的碳與一個碳原子和一個氫原子結合或與兩個氫原子結合的有機物質。（12.3）

醯胺類 amide：一種有機化合物，特徵是在羰基的碳上結合了一個氮原子。（12.3）

羧酸 carboxylic acid：一種有機分子，特徵是羰基的碳原子與一個

氫氧基結合。（12.3）

酯類 ester：一種有機分子，特徵是羰基上的碳與一個碳原子及一個氧原子結合，這個氧原子又和另一個碳原子結合。（12.3）

聚合物 polymer：由許多重複的基本單元構成的長鏈有機分子。（12.4）

單體 monomer：組成聚合物的基本分子單位。（12.4）

加成聚合物 addition polymer：由單元體結合而成的聚合物，過程中沒有喪失原子。（12.4）

縮合聚合物 condensation polymer：由單元體結合而成的聚合物，過程中伴隨小分子（例如水）的損失。（12.4）

延伸閱讀

1. 艾金斯（P. W. Atkins）的《分子》（*Molecules*. New York: W. H. Freeman. 1987）：

   這是一本令人入迷的書，敘述一些重要的有機分子，其中有天然的、也有化學家製造的。這本書是爲一般大眾寫的，對話親切有魅力，還提供了引人入勝的照片。

2. http://www.icco.org

   這是國際可可組織的首頁，關於巧克力的許多化學問題，這裡都可以找到答案。此外，從這個網頁還可以知道，巧克力由可可樹到達你口裡的路程。

3. http://www.chevron.com/about/learning_center

   雪芙龍（Chevron）公司的學習網站，你可以在這裡找到原油以及相關煉製程序的資訊。

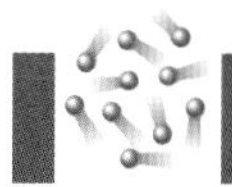

第12章　觀念考驗

關鍵名詞與定義配對

加成聚合物	官能基
醇類	異原子
醛類	碳氫化合物
醯胺類	酮類
胺類	單體
芳香族化合物	有機化學
羰基	酚類
羧酸	聚合物
縮合聚合物	飽和碳氫化合物
構形	結構異構物
酯類	不飽和碳氫化合物
醚類	

1. ______：對於含碳化合物的研究。
2. ______：僅含有碳和氫原子的化合物。
3. ______：具有相同分子式、但不同的化學結構式的分子。
4. ______：分子的一種可能的空間位向。
5. ______：不含多重共價鍵的碳氫化合物，每一個碳原子都連接了四個其他的原子。
6. ______：至少含有一個多重共價鍵的碳氫化合物。

7. ______：含有苯環的有機分子。
8. ______：在有機分子中，除了碳原子與氫原子以外的原子。
9. ______：在有機分子中的特殊原子組合，性質彷彿是一個單元。
10. ______：有氫氧基連接到飽和碳上的有機分子。
11. ______：有氫氧基連接到苯環上的有機分子。
12. ______：有氧原子連接到兩個碳原子的有機分子。
13. ______：有氮原子連接到一個或更多的飽和碳原子的有機分子。
14. ______：碳原子以雙鍵連接氧原子，可在酮類、醛類、醯胺類、羧酸和酯類中發現。
15. ______：含有羰基的有機分子，且羰基的碳連接了兩個碳原子。
16. ______：含有羰基的有機分子，且羰基的碳連接了一個碳原子及一個氫原子，或連接了兩個氫原子。
17. ______：含有羰基的有機分子，羰基的碳連接了一個氮原子。
18. ______：含有羰基的有機分子，羰基的碳連接了一個氫氧基。
19. ______：含有羰基的有機分子，羰基的碳連接了一個碳原子和一個氧原子，而這個氧原子又連接另一個碳原子。
20. ______：長的有機分子，由很多重複單元組成的。
21. ______：小的分子單元，可以形成聚合物。
22. ______：由單體單元連接而成的聚合物，形成聚合物時不會損失任何原子。
23. ______：由單體單元連接而成的聚合物，形成聚合物時會伴隨失去小分子（例如水）。

分節進擊

12.1 碳氫化合物只含有碳和氫

1. 舉出一些碳氫化合物的例子。
2. 舉出一些碳氫化合物的用途。
3. 兩種結構異構物間，有什麼不同處？
4. 兩種結構異構物間，有什麼相似處？
5. 精餾時，是利用碳氫化合物的什麼性質？
6. 哪一類的碳氫化合物，有比較高的汽油辛烷值？
7. 飽和碳原子連接了多少個原子？

12.2 不飽和碳氫化合物含有多鍵

8. 飽和碳氫化合物與不飽和碳氫化合物有什麼不同？
9. 碳氫化合物必須要有多少個多鍵，才能算是不飽和碳氫化合物？
10. 芳香族化合物含有哪一種環？

12.3 有機化合物以官能基來分類

11. 什麼是異原子？
12. 爲什麼異原子使有機化合物在物理性質和化學性質上產生差異？
13. 下面哪一個分子有較高的沸點？爲什麼？

$$CH_3CH_2CH_2CH_3$$
$$CH_3CH_2CH_2CH_2-OH$$

14. 爲什麼低式量的醇類可溶於水？

15. 醇類和酚類有什麼不同？
16. 醇類和醚類有什麼不同？
17. 為什麼醚類的沸點比醇類低？
18. 顯現胺類特性的異原子是哪一個？
19. 胺類傾向酸性、中性還是鹼性？
20. 自然界中會發現生物鹼嗎？
21. 舉出一些生物鹼的例子。
22. 羰基是由何種元素組成的？
23. 酮類和醛類有何關聯？它們之間有什麼不同？
24. 舉出醛類在商業上的一種用途。
25. 醯胺類和羧酸有何關聯？它們之間有什麼不同？
26. 阿斯匹靈是由哪一種天然物製造出來的？
27. 指認出下面的分子，是碳氫化合物、醇類或是羧酸？

CH_3 O

H_3C— (苯環) —C—C—OH

H

$CH_3CH_2CH_2CH_3$

$CH_3CH_2CH_2CH_2—OH$

12.4 有機分子會連接成聚合物

28. 單體的雙鍵參與形成加成聚合物後，會變成怎麼樣？
29. 形成縮合聚合物時會釋出什麼？
30. 為什麼聚偏二氯乙烯保鮮膜比聚乙烯黏？
31. 什麼是共聚物？

高手升級

1. 下面哪一個含有較多的氫原子：五碳的飽和碳氫化合物分子，還是五碳的不飽和碳氫化合物分子？
2. 爲什麼碳氫化合物的熔點隨每個分子所含的碳數增加而增加？
3. 畫出 C_4H_{10} 的所有結構異構物。
4. 畫出 C_6H_{14} 的所有結構異構物。
5. 下圖中有多少結構異構物？

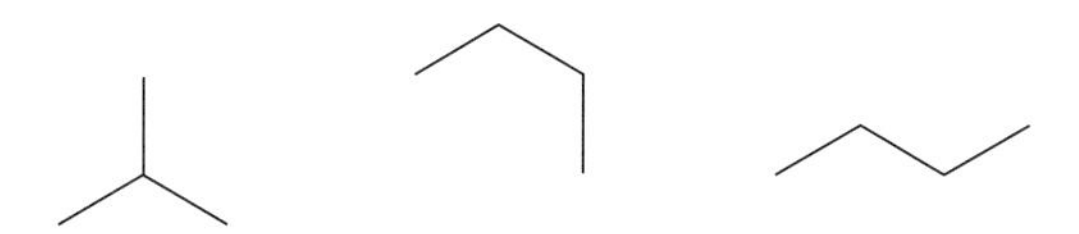

6. 下列四個結構中，有哪兩個是同一種結構異構物？

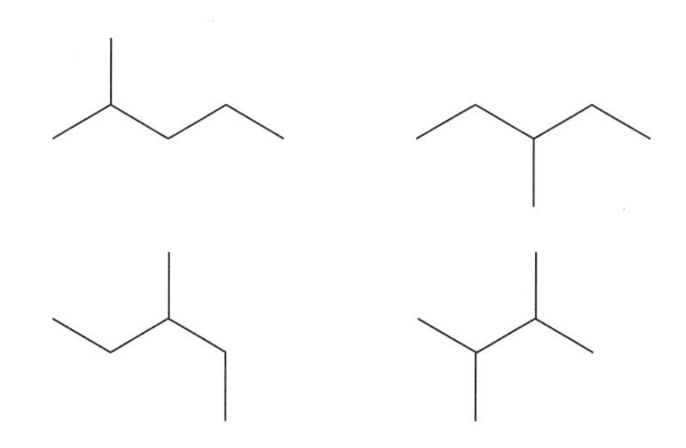

7. 煉油廠精餾塔的溫度與壓力都很重要。在精餾塔的哪裡，壓力最高？在塔底，還是在塔頂？說出你的理由。
8. 異原子使有機分子的物理性質和化學性質產生差異，是因爲
   a. 它們使碳氫化合物增加了額外的質量。

b. 每一個異原子有自己的特性。

c. 它們可以增加有機分子的極性。

d. 以上皆是。

9. 為什麼高式量的醇類可能不溶於水？

10. 80-proof 的伏特加，含有多少體積百分比的水？

11. 為什麼吞食甲醇會損害眼睛？

12. 毒橡木含有會刺激皮膚的成分：四氫化漆酚（tetrahydrourushiol）：

    這個有長尾巴的非極性碳氫化合物，會刺入人的油性皮膚裡，分子引發了過敏反應。搔抓癢處會使四氫化漆酚分子擴散到更廣的面積，使過敏的地方擴大。這種化合物是醇類，還是酚類？說明你的理由。

13. 咖啡因磷酸鹽的結構是

    咖啡因磷酸鹽

    這個分子的作用有如酸，因為它可以給出氫離子，是從聯結到帶正電荷的氮原子的氫原子來的。當 1 莫耳的咖啡因磷酸鹽與 1 莫耳的氫氧化鈉（NaOH）強鹼反應時，會產生什麼產物？

14. 二乙醚可以和水混合，但必須將兩種液體搖晃才行。停止搖晃以後，液體就會分成兩層，就像油和醋一樣。咖啡因生物鹼的游離鹼形態很容易溶於二乙醚中，但不溶於水中。說明含咖啡因的飲料因如果先用氫氧化鈉處理成鹼性的，然後再摻入一些二乙醚來搖晃，其中的咖啡因會有什麼變化。
15. 生物鹼鹽不太溶於有機溶劑二乙醚中。如果以氯化氫（HCl）氣泡通入二乙醚，而二乙醚中溶有有咖啡因游離鹼，溶液會發生什麼變化？

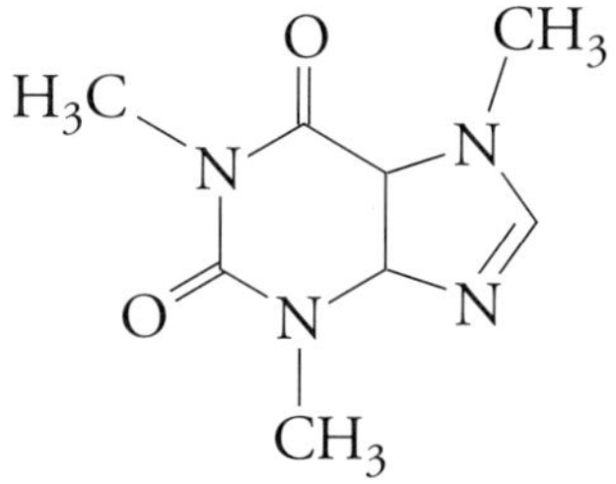

咖啡因（游離鹼的形態）

16. 畫出分子式爲 C_3H_9N 的胺化合物的所有結構異構物。
17. 解釋爲什麼辛酸可以溶解在 5% 的氫氧化鈉水溶液中，但辛醛卻不能。
18. 在水中，此分子

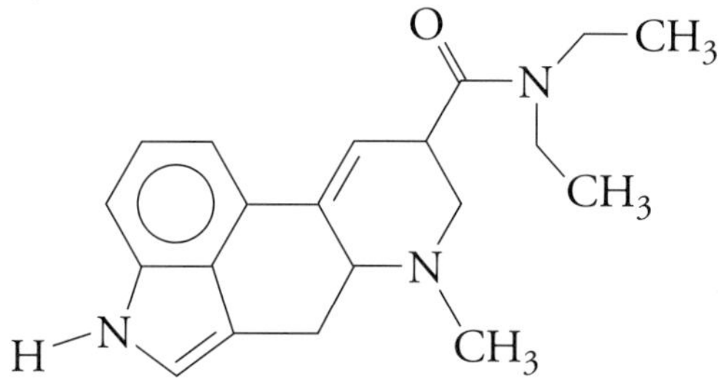

麥角酸醯二乙胺

作用有如酸還是鹼？或者它既是酸也是鹼？還是它既不是酸，也不是鹼？

19. 如果你在減充血藥上看到標示有：苯腎上腺素．HCl，你會擔心食用後，你會吸收到強酸氯化氫嗎？請解釋。

苯腎上腺素．HCl鹽

20. 解釋阿斯匹靈為什麼有酸味？

21. 胺基酸是含有胺基和羧基的有機分子，在中性環境下中，哪一種結構比較可能存在？試解釋你的答案。

(a) $H_2N-CH_2-C(=O)OH$　　(b) $H_3N^+-CH_2-C(=O)O^-$

22. 胺基酸是含有胺基和羧基的有機分子，在酸性中，哪一種結構比較可能存在？解釋你的答案。

(a) $H_2N-CH_2-C(=O)O^-$　　(b) $H_2N-CH_2-C(=O)OH$

```
        H   H   O
        |   |   ‖
(c) H—N⁺—C—C
        |   |    \
        H   H    OH
```

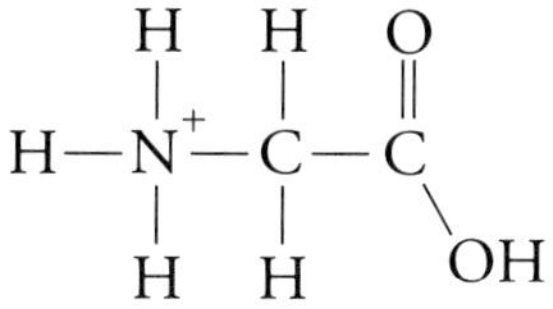

23. 在這個有機分子中，指認出下列的官能基：醯胺、酯類、酮類、醚類、醇類、醛類、胺類：

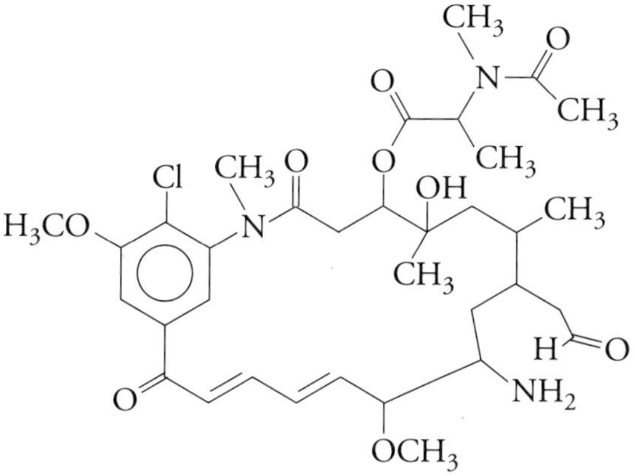

24. 聚丙烯或低密度聚乙烯，哪一個比較緊密？為什麼？

25. 很多聚合物在燃燒時會放出有毒煙霧。在表 12.5 中的聚合物，哪一個會產生氰化氫（HCN），哪兩個會產生有毒的氯化氫氣體（HCl）？

26. 對於日益超過負荷的垃圾掩埋場，有一項解決方案，就是燃燒塑膠來替代掩埋。這種做法的好處與壞處在哪裡？

27. 長分子串與短分子串所製成的聚合物，哪一個比較黏？為什麼？

28. 碳氫化合物燃燒時會放出很多的能量，這些能量是從哪裡來的？。

29. 哪一類的聚合物最可以用來製造防髒的地毯？

30. 化合物6-胺基己酸是用來製造縮合聚合物尼龍-6的。不過，這種聚合不一定都會成功，因爲有副反應在競爭。這種副反應是什麼？在單體的稀溶液還是濃溶液中，比較可以聚合？爲什麼？

ANSWER

觀念考驗解答

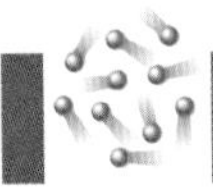

第9章　化學反應如何進行

關鍵名詞與定義配對

1. 化學方程式
2. 反應物
3. 產物
4. 係數
5. 式量
6. 亞佛加厥數
7. 莫耳質量
8. 反應速率
9. 活化能
10. 催化劑
11. 放熱反應
12. 吸熱反應
13. 鍵能
14. 熵
15. 熱力學

分節進擊

9.1 化學反應可用化學方程式來表示

1. 係數是用來表示化學反應中，反應物與產物彼此間的比例。
2. 方程式右邊有四個鉻原子和六個氧原子。
3. (s) 代表固體，(ℓ) 表示液體，(g) 則爲氣體，而 (aq) 是水溶液。
4. 化學方程式的平衡是重要的，因爲質量守恆定律闡釋，質量既不能創造，也不能被摧毀。所以在方程式兩邊的每一種原子，要有相同的數目。
5. 下標表示分子是以何種比例組成的，所以不可以改變，否則就變成以不同的分子進行反應了。

6. a 和 c 是平衡的。

9.2 化學家用相對質量計算原子數和分子數

7. 高爾夫球的相對質量大於乒乓球；因此，在同樣的質量下，乒乓球數會比高爾夫球數多。
8. 碳原子和氧分子的相對質量不同，也就是說，在同樣的質量下，碳原子的數目會比氧分子的數目多。
9. 式量是化學式中所有元素的原子量總和，原子量是單個原子的質量。
10. 鈉原子的質量是 22.99 amu。
11. 一氧化氮（NO）的式量是 30.01 amu。
12. 1 莫耳的彈珠爲 6.02×10^{23} 個。
13. 2 莫耳的硬幣爲 1.2×10^{24} 個。
14. 18 公克的水爲 1 莫耳。
15. 18 公克的水含有 6.02×10^{23} 個水分子。
16. 1 莫耳的水有 6.02×10^{23} 個水分子。

9.3 反應速率受濃度和溫度的影響

17. 反應物分子要進行反應，碰撞時必須要有一定的位向，而且要有足夠的能量。
18. 溫度和濃度會影響反應物分子之間的碰撞。
19. 提高溫度一般會增加反應速率。
20. 食物放在冰箱中，溫度會比較低，可以減慢使食物腐壞的化學反應。
21. 反應物分子中，移動得最快的會先通過能量障壁。
22. 活化能。

9.4 催化劑增加化學反應速率

23. 氯原子是破壞臭氧的催化劑。
24. 催化劑會與反應物作用，形成中間產物。
25. 觸媒轉化器用來減少引擎排放出的汙染物，把排放物轉化爲無害的化學物質。
26. 催化劑降低了反應的能量障壁。
27. 在化學反應的淨反應中，催化劑並沒有改變。
28. 催化劑是用較少能量來進行反應的方法。

9.5 化學反應有的會放熱，有的會吸熱

29. 相同的鍵形成時，也是放出 436 千焦耳的熱量。
30. 打斷鍵結時就需要能量。只是在放熱反應中，放出的能量超過所消耗的能量。
31. 放熱反應釋出能量。
32. 吸熱反應會吸收能量。
33. 產物的位能大於反應物的位能。

9.6 用熵來衡量發散的能量

34. 能量的發散是從能量較集中的地方，往外擴散到能量較不集中的地方。
35. 熵的單位是 J/K。
36. 對的。不過在計算化學反應的熵變化時，化學家也必須要考慮反應吸收或釋放了多少能量。
37. 熵變化決定了化學反應是否可以進行。如果熵增加，表示有利於化學反應的進行。如果熵減少，那麼化學反應要進行，伴隨的反應增加的熵要相當大才行。
38. 放熱反應在由反應物形成產物時，會釋放能量，也就是能量是發散的，所以有利於反應的進行。

高手升級

1. a. 4 Fe (s) ＋ 3 O_2 (g) → 2 Fe_2O_3 (s)

   b. 3 H_2 (g) ＋ 1 N_2 (g) → 2 NH_3 (g)

   （記住，一般都不把 1 放在平衡好的方程式裡）。
2. a. 2 Fe (s) ＋ 3 S (s) → Fe_2S_3 (s)

   b. P_4 (s) ＋ 6 H_2 (g) → 4 PH_3 (g)
3. 水是 18 amu；丙烯 42 amu；2-丙醇 60 amu
4. 64.058 amu
5. 兩者的原子數目相同。
6. 72.922 公克的氯化氫有 4 莫耳的原子，64.058 公克的二氧化硫則有 3 莫耳的原子，前者較多。
7. 38 公克的 F_2 是 1 莫耳、32 公克的 O_2 也是 1 莫耳、28 公克的 N_2 是 1 莫耳、32 公克的 CH_4 則是 2 莫耳，所以答案是 c。
8. 28 公克的 N_2 有 2 莫耳的氮原子、32 公克的 O_2 有 2 莫耳的氧原子、16 公克的 CH_4 則有 5 莫耳原子的甲烷，38 公克的F_2 有 2 莫耳的氟原子。所以答案是 c。
9. 他們的假設是錯的。他們假設一個氫原子和一個氧原子結合成水，所以水的化學式是 HO。不過今天我們知道兩個氫分子（不是原子）和一個氧分子反應形成水。我們可以看到氫分子和氧分子反應的莫耳數比是 2：1，所以水是 H_2O。以質量而言，氫分子和氧分子總是以 1：8 的質量比反應，因爲每一個氧分子需要兩個氫分子來反應。如果比較氫原子與氧原子會發現，氧的質量是氫的16倍。
10. 3.322×10^{-24}公克。
11. 一個氧原子的質量只有 16 amu。
12. 一個水分子的質量只有 18 amu。

13. 1 amu 等於 1.661×10^{-24} 公克。所以 16 amu等於（16）（1.661×10^{-24}公克）$= 26.576 \times 10^{-24}$公克，即 2.6576×10^{-23}公克。
14. （18）（1.661×10^{-24}公克）$= 29.898 \times 10^{-24}$公克，即 2.9898×10^{-23}公克
15. 不可能，因為這個質量小於一個氧原子的質量。
16 單一個氫原子的質量是 1.01 amu，這個質量遠小於 1.01 公克的氫原子。
17. 水的質量較大。就像一堆高爾夫球會比同樣數目的乒乓球更重一樣。水（16 + 1 + 1=18 amu）比氫分子（1 + 1=2 amu）重 9 倍（18 amu／2 amu）。1.204×10^{24} 個水分子比 1.204×10^{24} 氫分子要重。
18. 它們極可能含有相同的物質。
19. 降低溫度會使化學反應變慢（包括那些會使食物敗壞的天然物反應）。因此，冰箱可以使食物延緩敗壞。
20. 酵母消化糖產生二氧化碳的反應，在較高的溫度下進行得較快原因有許多，但最重要的原因是，溫度較高有利於增加反應分子有效碰撞的數目。
21. 在純氧中，燃燒反應中的反應物（氧氣），濃度較高。如同在本章中提到，反應物的濃度提高，反應速率就會增加。
22. 這樣子可以加快反應速率。
23. 制酸藥片和水反應會產生氣泡。在醇類與水的混合液中，水分子的濃度較小，所以反應速率減慢。如用分子碰撞來解說，因為在醇類與水的混合液中，周圍的水分子較少，制酸藥片和水分子的碰撞機會也較少。
24. 要花幾十億年才能完成的反應，活化能必定非常高；而只要花一秒多就能完成的反應，活化能就非常低。一般而言，能量障壁愈高，要使所有反應物變成產物的時間就愈長。
25. 這個反應的最後結果，是把三個氧分子（O_2）轉變成兩個臭氧分子（O_3）。在淨反應中，一氧化氮（NO）、二氧化氮（NO_2）和氧原子（O）都沒有消耗或產生，但在反應起始時必須要有一氧化氮，所以一氧化氮是催化劑。

26. 氟氯碳化合物並不直接催化破壞臭氧。但氟氯碳化合物會受紫外線斷裂成氯原子，催化破壞臭氧反應的是這些氯原子。

27. 把過量的臭氧放到大氣中補足遭破壞的部分，有如把魚丟到鯊魚池，補充給鯊魚吃掉的魚。一勞永逸的解決之道，是除去破壞臭氧的氟氯碳化合物。可惜的是，氟氯碳化合物的降解很慢，一旦它們跑到大氣中就會停留很多年。最好的辦法是阻止氟氯碳化合物的生產。

28. a.

使鍵斷裂的能量：	**形成鍵所釋放的能量：**
H − H ＝ 436 千焦耳	H − Cl ＝ 431 千焦耳
Cl − Cl ＝ 243 千焦耳	H − Cl ＝ 431 千焦耳
合計＝ 679 千焦耳吸收	合計＝ 862 千焦耳放出

淨能量＝ 679 千焦耳吸收 − 862 千焦耳放出 ＝ −183 千焦耳放出（放熱）

b.

使鍵斷裂的能量：	**形成鍵所釋放的能量：**
C ≡ C ＝ 837 千焦耳	
H − C ＝ 414 千焦耳	
C − H ＝ 414 千焦耳	4 × O ＝ C ＝ 3212 千焦耳
O ＝ O ＝ 498 千焦耳	4 × C ＝ O ＝ 3212 千焦耳
O ＝ O ＝ 498 千焦耳	H − O ＝ 464 千焦耳
O ＝ O ＝ 498 千焦耳	H − O ＝ 464 千焦耳
O ＝ O ＝ 498 千焦耳	O − H ＝ 464 千焦耳
O ＝ O ＝ 498 千焦耳	O − H ＝ 464 千焦耳
合計＝ 4155 千焦耳吸收	合計＝ 8280 千焦耳放出

淨能量＝ 4155 千焦耳吸收 − 8280 千焦耳放出

＝ −4125 千焦耳放出（放出很大的熱能）

29. a. **使鍵斷裂的能量：** **形成鍵所釋放的能量：**

使鍵斷裂的能量	形成鍵所釋放的能量
N－N ＝ 159 千焦耳	H－H ＝ 436 千焦耳
N－H ＝ 389 千焦耳	H－H ＝ 436 千焦耳
N－H ＝ 389 千焦耳	H－H ＝ 436 千焦耳
N－H ＝ 389 千焦耳	H－H ＝ 436 千焦耳
N－H ＝ 389 千焦耳	N≡N ＝ 946 千焦耳
合計 ＝ 1715 千焦耳吸收	合計 ＝ 2690千焦耳 放出

淨能量 ＝ 1715 千焦耳吸收 － 2690 千焦耳放出 ＝ －975千焦耳放出（放熱）

b. **使鍵斷裂的能量：** **形成鍵所釋放的能量：**

使鍵斷裂的能量	形成鍵所釋放的能量
O－O ＝ 138 千焦耳	
H－O ＝ 464 千焦耳	O＝O ＝ 498 千焦耳
H－O ＝ 464 千焦耳	H－O ＝ 464 千焦耳
O－O ＝ 138 千焦耳	H－O ＝ 464 千焦耳
H－O ＝ 464 千焦耳	O－H ＝ 464 千焦耳
H－O ＝ 464 千焦耳	O－H ＝ 464 千焦耳
合計 ＝ 2132 千焦耳吸收	合計 ＝ 2354 千焦耳放出

淨能量＝ 2132 千焦耳吸收 － 2354 千焦耳放出 ＝ －222 千焦耳放出（放熱）

30. 較小的原子，原子核較靠近它的鍵結電子，因此有較大的電子吸引力。從庫侖定律來看，兩個相反電荷的粒子愈靠近，它們之間的吸引力就愈強。根據週期表上的趨勢，從氮到氧到氟，原子愈來愈小。所以H－F鍵 強於 H－O鍵 強於 H－N鍵。

31. 普通電池內的化學反應是放熱的，因爲電池會釋放出電能。充電電池在充電時需要注入能量，因此在充電的過程是吸熱的。

32. 從氧（O_2）轉變成臭氧（O_3）需要注入紫外光之類的能量，所以是吸熱反應。反之，由臭氧變成氧則是放熱反應。

33. 兩位都對，磚頭的能量保留在磚頭裡，但擴散到整個磚頭上。
34. 要產生 1 莫耳的水蒸氣，比產生 1 莫耳液態水要花費更多的能量，因爲在蒸發過程中，使水分子間分離要克服其中的氫鍵。
35. 表 9.2 中有燃料的熵，包括氫（H_2）、甲烷（CH_4）和甲醇（CH_3OH）。你可以把這些燃料當成是相當濃縮的能源，也就是它們的熵相當低。它們在氧中燃燒時，它們與氧的濃縮能量就會發散出去。
36. 吸熱反應需要從放熱的化學反應（例如火焰或熱源）中取得能量，使總反應是能量發散的。
37. 可以再看看第 9.5 節「生活實驗室」的例子，食鹽（氯化鈉）溶在水中的反應就是如此。當氯離子與鈉離子分開時，原本它們聚集在一起時的振動能，有一些會變成分開後的位能。這使次顯微粒子不再振動得那麼快，所以我們會偵測到溫度的下降。此時周圍較高溫環境提供能量促使反應進行。不過，這僅發生在有大量熵增加的情形，如離子在溶液中擴散等。
38. 我們從食物中，取得創造這些化學物質需要的能量。這些能量使體溫增加，促使吸熱的化學反應進行。但是我們體內的機制更爲複雜。最重要的是，我們的體溫通常是固定，因此我們依靠酵素之類等許多催化劑，讓我們可以在較低溫下進行吸熱反應。

思前算後

1. $(0.250\text{公克的阿斯匹靈})\left(\dfrac{1\text{莫耳阿斯匹靈}}{180\text{ g 公克阿斯匹靈}}\right)\left(\dfrac{6.02\times10^{23}}{1\text{莫耳}}\right)$

   $= 8.38\times10^{20}$ 個分子

2. 122.55 公克的 $KClO_3$ 是 1 莫耳，從化學方程式來看，2 莫耳的 $KClO_3$ 可以產生 3

莫耳的 O_2 。那麼 1 莫耳的 $KClO_3$ 可以產生1.5 莫耳的 O_2，O_2的分子質量是 32 amu，也就是 1 莫耳有 32 公克，1.5 莫耳的 O_2 就是 48 公克，所以這個反應產生的氧有 48 公克。

3. 從式量知道 60 公克的2-丙醇（60 amu）可以產生 42 公克的丙烯（42 amu）和 18 公克的水（18 amu）。所以，6.0 公克的2-丙醇可以產生 4.2 公克的丙烯和 1.8 公克的水。

4. $$(16\text{公克的甲烷})\left(\frac{1\text{莫耳的甲烷}}{16\text{公克的甲烷}}\right)\left(\frac{2\text{莫耳的水}}{1\text{莫耳的甲烷}}\right)\left(\frac{18\text{公克的水}}{1\text{莫耳的水}}\right)$$
$$= 36\text{公克的水}$$

5. 淨反應能量 ＝ 吸收的能量 － 釋放的能量
＝（－946 千焦耳／莫耳）＋3（－436 千焦耳／莫耳）＋ 6（389 千焦耳／莫耳）
＝ ＋80 千焦耳／莫耳

6. 產物的熵－反應物的熵＝ 2 莫耳 NH_3的熵 － 1 莫耳 N_2和3 莫耳 H_2的熵
＝ 2（192.5 J/K）－〔（191.6 J/K）＋3（130.7 J/K）〕
＝ 385.0 J/K － 583.7 J/K
＝－ 198.7 J/K

反應熱的熵變化＝ 80,000 J/ 298K
＝ ＋268 J/K

宇宙的淨熵變化＝ －198.7 J/K ＋ 268 J/K
＝ ＋69 J/K

這個反應的淨熵變化爲正，表示反應可以自行發生，但很不容易。請注意「反應的熵變化」和「產物與反應物的熵差值」的比較。這個反應有相當高的活化能量障壁，所以氮和氫在室溫下（298 K）不容易進行反應。

7. 產物－反應物的熵變化＝ 2 莫耳 NH_3的熵 － 1 莫耳 N_2和3 莫耳 H_2的熵

$= 2（192.5\ J/K） - 〔(191.6\ J/K） + 3（130.7\ J/K)〕$

$= 385.0\ J/K - 583.7\ J/K$

$= -198.7\ J/K$

反應熱的熵變化 $= 80,000\ J/ 723K = + 110\ J/K$

宇宙的淨熵變化$= -198.7\ J/K + 110\ J/K = -88.7\ J/K$

氨（NH_3）是很重要的化學物，占全世界化學物產量的前五名以內。主要用途爲肥料，所以它的生產跟我們的食物很有直接關係。由計算顯示，在高溫下反而不利於氨的形成（負的淨熵變化）。不過，工業界已經克服了這個問題：利用催化劑在高壓下使反應進行。

第10章 酸和鹼

關鍵名詞與定義配對

1. 酸	7. 兩性的
2. 鹼	8. 酸性溶液
3. 鋞離子	9. 鹼性溶液
4. 氫氧根離子	10. 中性溶液
5. 鹽	11. pH 值
6. 中和反應	12. 緩衝溶液

分節進擊

10.1 酸會給出質子，鹼會接受質子

1. 依據布忍斯特－羅瑞對酸鹼的定義，酸可以施予氫離子，而鹼是可接受氫離子的化學物質。
2. 酸溶解於水中時，水會形成鋞離子。
3. 當化學物質失去氫離子時，性狀就有如酸。
4. 鹽類並不一定都含有鈉離子。
5. 在中和反應中牽涉到的是酸和鹼。

10.2 酸與鹼有強弱之別

6. 強酸在水中會完全解離。

7. 強酸放入水中時，大部分的強酸分子會分開。
8. 強酸溶液中的離子較多，所以導電性比弱酸溶液好。
9. 強鹼比較有能力接受氫離子。
10. 弱鹼溶液如果濃度大，腐蝕性會大於稀的強鹼溶液。

10.3 溶液可分為酸性、鹼性或中性

11. 這是有可能的。兩性化合物在某一情形下是酸，而在另一情形下卻是鹼。
12. 水是弱酸。
13. K_w 是很小的數目。
14. H_3O^+離子的濃度增加時，OH^-離子的濃度就會下降。
15. 如果溶液中的鋞離子濃度高過氫氧根離子濃度，那麼這個溶液就是酸性的；鋞離子濃度等於氫氧根離子濃度時，溶液就是中性的；鋞離子濃度高過氫氧根離子濃度時，溶液就是鹼性的。
16. pH 值顯示溶液的酸度。
17. 溶液中的鋞離子增加時，溶液的 pH 會減少。

10.4 雨水是酸的，海水是鹼的

18. 二氧化碳和水反應後的產物是碳酸（H_2CO_3）。
19. pH 要小於 5，才算是酸雨。
20. 二氧化硫與空氣中的氧及水結合就變成硫酸，會增加雨水的酸度。
21. 燃燒化石燃料會放出二氧化硫到空氣中。
22. 把碳酸鈣加到湖中會中和其中的酸。
23. 海洋會吸收CO_2，CO_2在海洋中被中和且不再被釋出。

10.5 緩衝溶液會阻抗 pH 值的改變

24. 緩衝溶液是可以阻抗 pH 變化的溶液。
25. 當強酸 HCl 加到緩衝溶液中，鋞離子並不會存留溶液中來降低 pH，而是會與緩衝溶液中的鹼結合而消耗掉。
26. 緩衝溶液會禁止 pH 值的改變。
27. 血液的 pH 值過高或過低都會致命。
28. 你的血液中的CO_2增加，會使身體中的碳酸增加，而使其 pH降低。

高手升級

1. 灰燼中的碳酸鉀作用有如鹼，可以與皮膚上的油脂反應產生肥皂的滑溜溶液。
2. 氫氧根離子是水分子失去一個氫原子核後的剩餘成分。
3. 鹼接受氫離子（H^+），得到正電荷，鹼因此成爲帶正電的離子。相反的，酸給出氫離子，失去正電荷，酸因此成爲帶負電的離子。
4. 鹽是酸和鹼反應形成的離子化合物，而水是共價化合物。
5. 在 a. 中H_3O^+轉變成水分子，也就是 H_3O^+ 把一個氫離子給了 Cl^-。因此，H_3O^+ 的作用有如酸，Cl^- 的作用有如鹼。在逆反應中，H_2O得到氫離子（作用有如鹼）成爲 H_3O^+。H_2O 是從 HCl 得到氫離子的，HCl 的性狀就像酸。
   對於 b 式和 c 式，你應該也可以做類似的解析。全部答案如下：
   a. H_3O^+ 是酸，Cl^- 是鹼，H_2O 是鹼，HCl 是酸
   b. H_2PO_4 是酸，H_2O 是鹼，H_3O^+ 是酸，HPO_4^- 是鹼
   c. HSO_4^- 是酸，H_2O 是鹼，H_3O^+ 是酸，SO_4^{2-} 是鹼
6. 在這些反應中指認出每一物質的酸性或鹼性行爲：
   a. HSO_4^- 是鹼，H_2O 是酸，OH^- 是鹼，H_2SO_4 是酸

b. O^{2-} 是鹼，H_2O 是酸，OH^- 是鹼，OH^- 是酸

7. 氫氧化鈉（NaOH）從水分子接受一個氫離子後，形成的是水與氫化鈉！當然，在溶液中，這個氫氧化鈉會溶解，成為單獨的鈉離子和氫氧根離子。

8. 酸和鹼互相中和以後，就不再有腐蝕性，因為酸和鹼都不再存在了。酸與鹼進行中和反應後，形成了全新的物質：鹽和水，鹽和水的腐蝕性都不大。

9. K_w 的值非常的小，這告訴我們，水的離解程度也非常的小。

10. 鋞離子濃度一般都很小，需要用到科學記號來寫，pH 值尺標是較便利的記號。

11. a. 溫度提高後，會有愈多鋞離子和氫氧根離子形成，這些離子的濃度會增加，這兩種濃度的乘積，即其 K_w 也會增加，因此，只有在溫度保持一定時，K_w 才會一定。很有趣的，只有在24℃下，K_w 才等於 1.0×10^{-14}。在較溫暖的 40℃下，K_w 等於較大的 2.92×10^{-14}。

 b. pH 度量的是鋞離子的濃度，鋞離子濃度愈大，pH 就愈小，根據此題目所給的資訊，水愈溫暖，鋞離子的濃度愈大，雖然可能只大一點點。因此，純水較熱時，pH 值比冷的時候稍微低一點。

 c. 水加熱後，鋞離子濃度會增加，但氫氧根離子濃度也一樣會增加，兩者增加的量是一樣的。因此，pH 值會減少，但因為鋞離子濃度和氫氧根離子濃度都相等，溶液仍然保持中性。例如，在 40℃ 下，純水的鋞離子濃度和氫氧根離子濃度，都等於 1.71×10^{-7}M（K_w 的開方根）。此溶液的 pH 值為此數的負對數值，也就是 6.77。這個就是為什麼大部分的 pH 計，都必須依量測溶液的溫度來調校。本書省略了 pH 值因溫度改變的情形。除非另外有提到，請還是繼續設定 K_w 值為 1.0×10^{-14}，換句話說，就是假定溶液都在 24℃ 下量測的。

12. 溶液的 pH 與 pOH的和，一定等於 $-\log K_w$，也就是 14。

13. $pH = -\log[H_3O^+] = -\log[1] = -(-0) = 0$
 這個溶液是酸性的。

14. $pH = -\log[H_3O^+] = -\log[2] = -(0.301) = -0.301$

這是很酸的溶液。是的，pH 可以是負的！

15. pH 值是－3，此溶液的鋞離子濃度將會是 10^3 M，也就是 1000 莫耳／公升。這個溶液是不可能配製的，因為要有很多的酸溶解在水中，然而再到達所要求的濃度之前，溶液已飽和無法再溶解更多的酸。例如，鹽酸的最大可能濃度是 12 M，超過此濃度，再加入的HCl氣體，加到水中只是再冒泡回到空氣中而已。
16. 酸性溶液中加入水中以後，鋞離子（以及溶解在酸性溶液中的其他物質）會更加稀釋，也就是濃度減少，所以 pH 值會增加。
17. 弱酸加到鹽酸中，鋞離子會稀釋，鹽酸溶液的 pH 值會增加。相反的，弱酸溶液的 pH 值會相對的減少，因為鹽酸溶液的很多鋞離子混進來。
18. 汽水失去二氧化碳以後，就失去了變成碳酸的機會，因為碳酸是二氧化碳溶在水中形成的。所以沒氣了的汽水，pH 值要高於比有氣的汽水。
19. 如果粉筆是碳酸鈣（$CaCO_3$）做的，它的成分就跟很多抑酸劑的作用成分一樣。碳酸鈣是一種鹼，可以中和過多的酸。雖然如此，但要小心，不要服用太多碳酸鈣，因為胃本來就需要有一點酸性的。
20. 在牙膏中加一點醋。如果牙膏開始冒泡，它就很可能含有碳酸鈣。
21. 石灰岩（就是碳酸鈣）是鹼性的，可以中和水中的酸。
22. 在湖泊中加入可以進行中和反應的物質，例如石灰石。
23. 海洋的溫度愈高，它對氣體（如 CO_2）的溶解度就愈小，CO_2 受海洋吸收的量愈少，就有愈多的 CO_2 存留在大氣中，繼續使全球溫暖化。
24. 緩衝溶液一般是混合兩種化學品得到的，它可以中和加入的酸或鹼。緩衝溶液中的一種化學品會中和加進來的酸，而另一種成分會中和加進來的鹼。注意碳酸氫鈉結構與鈉相接的那端與醋酸鈉中與鈉相接的那端相似（如圖 10.16 所示），性狀有如弱鹼。同時，碳酸氫鈉的氫端與醋酸的結構相似。因此，碳酸氫鈉就像緩衝溶液的兩種成分合併成一種分子一樣。
25. 氯化氫的作用有如酸，會與鹼性的氨反應形成氯化銨，因此，在此系統的氯化銨濃度會增加，而氨濃度會減少。

26. 氫氧化鈉的作用有如鹼，會與性狀如酸的氯化銨反應，形成氯化鈉和氨。因此，在此系統的氨的濃度會增加，氯化銨的濃度會減少。
27. 當緩衝溶液的作用成分都被中和以後。
28. 這樣做時，可以再吸入呼吸時吐出的二氧化碳，使血液中的碳酸維持適當的水準。

思前算後

1. 氫氧根離子濃度是1×10^{-4}M
2. 此溶液的pH 值是10，是鹼性的。
3. 此溶液的pH 值是4，是酸性的。
4. 如果 pH 值是5的話，鋞離子濃度等於1×10^{-5}M，而氫氧根離子之濃度將是1×10^{-9}M。
5. 當溶液的 pH 值是 1 時，鋞離子濃度是0.1 M。加上純水會使溶液的體積加倍，所以濃度減半，鋞離子濃度是 0.05 M。

   $pH = -\log[H_3O^+] = -\log(0.05) = -(-1.3) = 1.3$

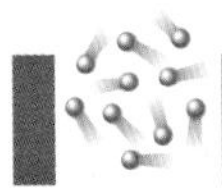

第11章 氧化還原反應

關鍵名詞與定義配對

1. 氧化還原
2. 氧化
3. 還原
4. 半反應
5. 電化學
6. 電極
7. 陰極
8. 陽極
9. 電解
10. 腐蝕
11. 燃燒

分節進擊

11.1 氧化會失去電子，還原則得到電子

1. 週期表右上方的元素（除了惰性氣體之外）是最好的氧化劑。
2. $K \rightarrow K^{+} + 1e^{-}$
3. $Br_2 + 2e^{-} \rightarrow 2Br^{-}$
4. 氧化劑使另一個反應物氧化（失去電子），還原劑使另一個反應物還原（獲得電子）。
5. 還原劑還原時，本身會氧化。

11.2 照相是選擇性的氧化還原反應

6. 曝光後，溴化銀的溴離子會氧化；銀離子獲得溴釋出的電子，還原成銀原子。

7. 銀離子還原成銀原子。
8. 對苯二酚使更多的銀離子還原成銀原子，使相片顯影，解碼成相。

11.3 我們能控制與利用流動電子的能量

9. 電化學研究的是，電能與化學變化的關係。
10. 乾電池中的二氧化錳能協助移除氨（NH_3）和氫（H_2），以避免氣體壓力的累積，所造成的滲漏或爆炸。
11. 車用電池在充電時，會進行原本氧化還原反應的逆反應。
12. 只要有燃料供應，燃料電池就可以持續運轉；但車用電池如果產生電子的化學物用完了，電池就沒效了。
13. 電解是利用電能產生化學變化，電池是利用化學變化來產生電能。

11.4 氧是腐蝕的禍首，也是燃燒的主角

14. 氧是良好的氧化劑，因為它有強的有效核電荷，也有空間可以容納電子（見《觀念化學 II》第 5 章），氧位於週期表的右上方，它很容易從許多其他的元素那兒接受電子。
15. 鋅和鋁氧化後，都會形成不溶於水的氧化覆蓋層，阻擋了進一步的氧化。
16. 電鍍是一種方法，利用電解把一種金屬覆蓋到另一種金屬上，使指定的金屬原子從帶正電荷的電極上，轉而沈積到帶負電荷的物體上。
17. 腐蝕是金屬因氧化而受到破壞；燃燒是非金屬與氧進行氧化還原反應。
18. 腐蝕和燃燒都是氧化還原反應，兩者都需要氧來當做反應物。

高手升級

1. 失去電子的原子會有正電荷，所以紅球進行氧化反應。

2. 氧化劑獲得電子，而得到電子的原子有負電荷，因此帶負電荷的藍球是氧化劑。
3. 氧化劑有獲得電子的傾向，會使別的物質失去電子。電負度大的原子更易吸引電子，因此會是強的氧化劑。相反的，還原劑具有失去電子的傾向，會使別的物質獲得電子，因此電負度大的原子很少會成爲還原劑。
4. 化學物要成爲氧化劑，要有獲得電子的傾向，也就是要有相當大的有效核電荷，大的有效核電荷會造成高的離子化能，游離能是量測電子離開原子所需的能量。因此如果化學物的有效核電荷增加，它成爲氧化劑的能力就增加。要成爲還原劑，化學物要有失去電子的傾向，也就是游離能要小。
5. 氟是較強的氧化劑，因爲它的最外殼層有較大的有效核電荷。
6. 原子的電負度愈大，愈容易吸引電子，因此進行氧化反應的能力就愈小。
7. 電子從鐵釘流向溶液中的銅離子。
8. 使兩個燒杯內的電荷達到平衡。
9. 氧化反應發生在陽極，產生了到處閒蕩的電子。電池的陽極用負號標示，表示帶負電荷的電子就是從這個電極流出的。電子從陽極流出，經過外面的電路到達陰極。陰極帶有正電荷，可以吸引電子。（電池充電時，充電的能量用來迫使電子以反方向行進。換句話說，電池充電時，電子由正極移向負極。如果沒有加入能量，電子不可能以這種方向流動。負極會獲得電子，得到電子的電極稱爲陰極，而得到電子就是還原，所以陰極發生的是還原反應。仔細察看圖 11.8b，以瞭解原由）。
10. 鈉金屬進行氧化反應，它把電子給了鋁離子。
11. 從氫氧化鐵（$Fe(OH)_2$）的化學式來看，每一個鐵原子有兩個氫氧根，每一個氫氧根有一個負電荷。氫氧化鐵的鐵，有兩個正電荷，與原先來的Fe^{2+}沒有區別。這個反應僅是有相反電荷的離子相結合而已。
12. 汽車電池產生電力時，消耗了包括硫酸在內的幾種化學物。硫酸用盡時，鋞離子（H^+）濃度下降，所以 pH 值會上升。

13. Cu^{2+}離子進行還原反應，因爲它獲得電子成爲金屬銅（Cu）。鎂金屬（Mg）進行氧化反應，它失去電子形成Mg^{2+}。

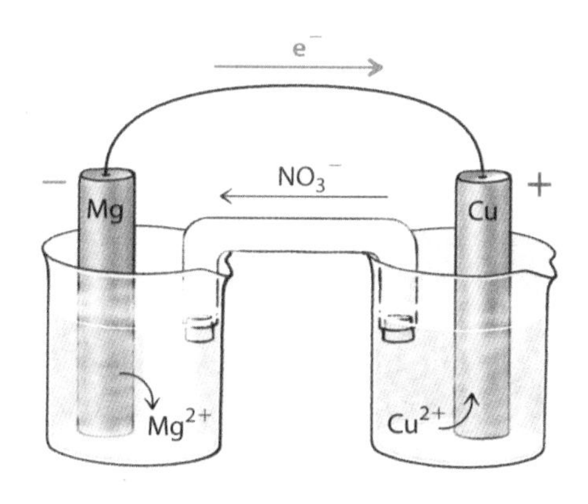

14. 用電線連接首飾與電極，把首飾浸到金離子溶液中。在同一個容器裡，放入金電極。用電池使兩極間產生電力，迫使離子從溶液中跑到首飾上。

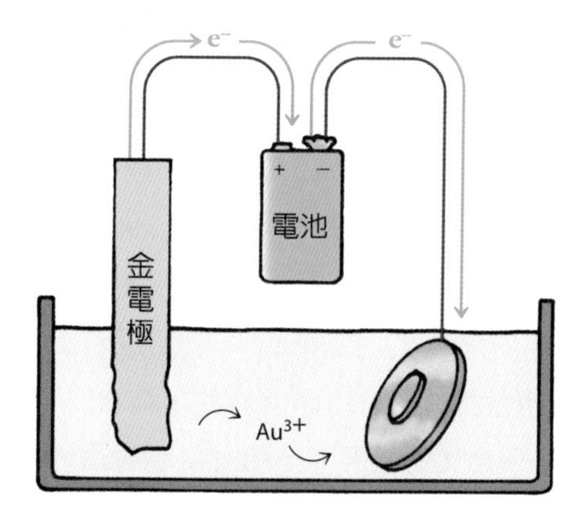

15. 電池可以輸出多少動力，是電極接觸到的離子數的函數：離子愈多，電力愈大。假設加水的前後，鉛電極（電池裡的格子）完全被淹浸，加水到汽車電池中會稀釋離子溶液，會降低接觸電極的離子數目，降低電池的動力。不過這種效果是暫時的，因爲當電池以發電機充電時，就會有更多的離子產生。不過，如果電池內的水，液面低於鉛極，沒有完全把鉛極淹浸時，加水可以增加電極和溶液接觸的表面積。這就平衡了離子溶液的稀釋所減弱的效果。
16. 電池提供電力時，鋅壁會變成鋅離子。一旦鋅的供應耗竭，電池就不再有作用。電池的鋅壁如果較厚，就提供電池內的化學反應，較多的「起始材料」，電池就可以用得久一點。
17. 氧化鋁不溶於水，因此會形成保護層，避免鋁繼續氧化。
18. 氫氧化鐵裡的鐵，帶有 2＋ 的電荷，表示每一個鐵原子失去了兩個電子。因此兩個分子的氫氧化鐵，總傳送了四個電子。
19. 燃燒反應都是放熱的，是因爲它牽涉到把電子傳送到氧的反應。氧是週期表上最能獲得電子的原子之一。
20. 得到負電荷的元素（紅的），較靠近週期表的右上方。

21 氧原子與氫原子結合成水，水裡氧的特性與燃燒所需的氧（O_2）全然不同。換句話說，就是水中的氧已經「還原」，因爲它連接氫原子時獲得了電子。既然已經還原了，氧原子就不再能吸引電子，所以也不產生燃燒的還原反應了。

22. 因爲它的活性成分包含氯原子（chlorine），而且是強氧化劑（oxidizing agent）。
23. 鐵和銅在管中接觸是很不好的。鐵原子會把電子給銅原子，銅原子又把電子給相接觸的氧原子，反應如圖 11.13 所示。
24. 銅比鐵更易還原，也就是電子會由鐵流向銅（就像第 23 題的答案一樣，電子最後會流向氧）。在兩個金屬的界面上，腐蝕反應會加速進行。這就是自由女神像在 1976 年需要進行大整修的主因。
25. 產生的水是氣態的，一形成就從火上面飄走了。

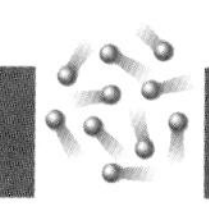

第12章 有機分子

關鍵名詞與定義配對

1. 有機化學。
2. 碳氫化合物。
3. 結構異構物。
4. 構形。
5. 飽和碳氫化合物。
6. 不飽和碳氫化合物。
7. 芳香族化合物。
8. 異原子。
9. 官能基。
10. 醇類。
11. 酚類。
12. 醚類。
13. 胺類。
14. 羰基。
15. 酮類。
16. 醛類。
17. 醯胺類。
18. 羧酸。
19. 酯類。
20. 聚合物。
21. 單體。
22. 加成聚合物。
23. 縮合聚合物。

分節進擊

12.1 碳氫化合物只含有碳和氫

1. 甲烷（CH_4）、戊烷（C_5H_{12}）及辛烷（C_8H_{18}）。
2. 碳氫化合物可用來製造塑膠，也是石油或天然氣的成分。

3. 結構異構物的碳原子排列方式不同，但碳原子的數目是一樣的。
4. 結構異構物有相同的化學式。
5. 精餾是利用碳氫化合物的沸點不同來進行的。
6. 高辛烷值的汽油，有較多的側鏈碳氫化合物。
7. 飽和碳原子連接了四個原子。

12.2 不飽和碳氫化合物含有多鍵

8. 飽和碳氫化合物只有單鍵，而不飽和碳氫化合物則含有多鍵。
9. 碳氫化合物必須要至少有一個多鍵（雙鍵或參鍵）才能算是不飽和碳氫化合物。
10. 芳香族化合物含有六環的苯環系統。

12.3 有機化合物以官能基來分類

11. 異原子是指有機分子中，碳和氫以外的原子。
12. 異原子使有機分子具有「特性」。它們一般有陰電性，會影響分子的物理性質和化學性質。
13. $CH_3CH_2CH_2CH_2-OH$ 有較高的沸點，因爲它含有醇基。醇基之間較強的氫鍵會使沸點增加。
14. 較小的醇類可溶於水，是因爲它們有與水相似的極性氧氫鍵（oxygen-hydrogen）。而在有機化合物中，相似的可以溶於相似的。
15. 醇類僅含氫氧基，但是酚類的氫氧基連接到苯環上。
16. 醇類僅含氫氧基（氧連接著氫），但是醚類是氧原子連接兩個碳原子。
17. 醚類的沸點比醇類低，是因爲醚類沒有氫鍵，因此分子間作用力較弱，使它們的沸點比醇類低。
18. 是氮。
19. 胺類傾向鹼性。氮原子上的孤電子對使它們有鹼性傾向。因爲孤電子可以接受氫離子。

20. 生物鹼是自然界中存在的胺。
21. 嗎啡和咖啡因是兩種生物鹼的例子。
22. 羰基是由碳和氧構成的。
23. 都含有羰基。酮類的羰基，上頭的碳連接兩個碳原子，但是醛類的羰基，上頭的碳連接一個碳原子及一個氫原子，或連接兩個氫原子。
24. 醛類在商業上通常用來做芳香劑或調味劑。
25. 都含有羰基。在醯胺的羰基上，碳連接一個氮原子，但羧酸的羰基上，碳連接氫氧基。
26. 阿斯匹靈是由天然物水楊酸製造出來的。
27. 最上面的結構是羧酸，中間的是碳氫化合物，最下面的是醇類。

12.4 有機分子會連接成聚合物

28. 單體多鍵的一個鍵會打開，和旁邊的單體分子形成新的鍵。
29. 縮合聚合物形成時，會釋出小分子（例如水或氯化氫）。
30. 聚偏二氯乙烯保鮮膜有大的氯原子，會產生感應偶極分子吸引力，因此能黏住玻璃等表面，這是聚乙烯所欠缺的。
31. 共聚物是由兩種或多種不同的單體形成的聚合物。

高手升級

1. 五碳的飽和碳氫化合物分子有12個氫原子，而五碳的不飽和碳氫化合物分子的氫原子數是10個或更少。
2. 因爲有較大的碳數，會有較大的感應偶極－感應偶極分子間作用力。

3.

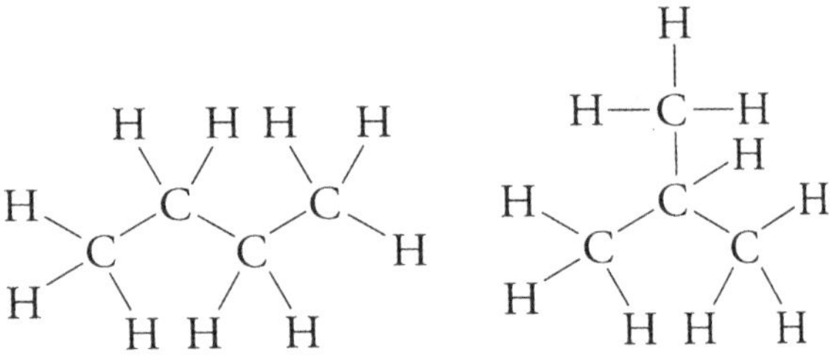

4.

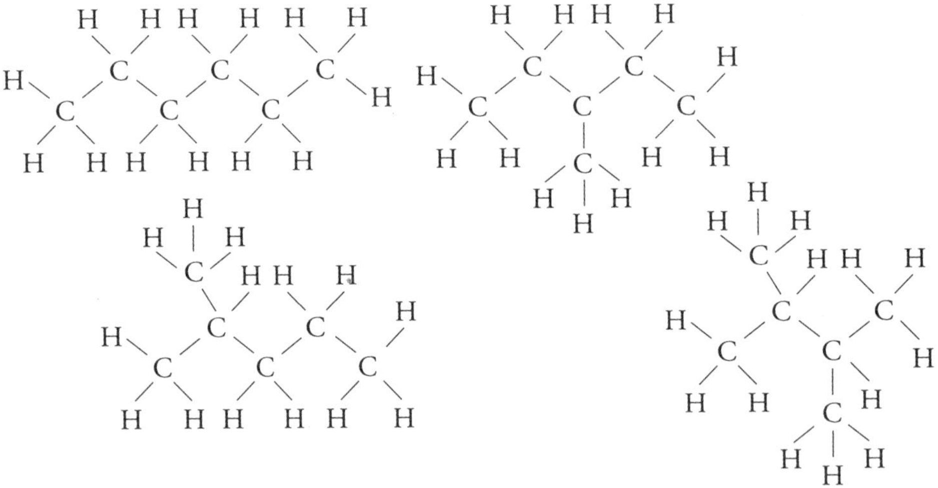

5. 只有兩種結構異構物，中間與右邊的分子，事實上是同一種異構物的兩種構形。

6. 右上角與左下角分子，是同一種異構物的不同構形。

7. 精餾塔的塔底壓力較高，因爲那裡的溫度較高，且蒸發的分子也較多。

8. d. 以上都是。

9. 如果高式量的大型醇類是非極性的碳氫化合物鏈，那麼它就可能不溶於水。

10. 80-proof的伏特加，乙醇量的體積百分比爲 40%，所以水有 60%。

11. 吞食甲醇會間接傷害眼睛，因為甲醇在體內會新陳代謝成甲醛，甲醛對活組織產生毒性。不過，甲醇與乙醇一樣，本身就有毒性，所以也會直接傷害身體。
12. 這種化合物是酚類，因為它的氫氧基是連接到苯環上的。
13. 產物為

$$\text{13.} \; + H_2O + Na^+H_2PO_4^-$$

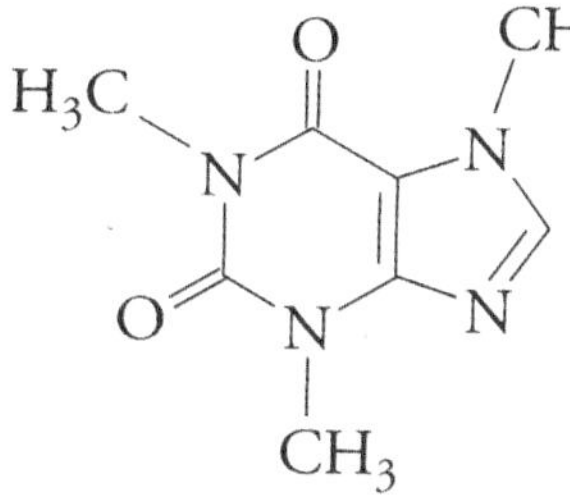

咖啡因（游離鹼）

14. 如果咖啡因飲料先用氫氧化鈉使之成為鹼性的，其中的咖啡因鹽會轉變成鹼的游離形態（見第 13 題），比較容易溶於有機溶劑二乙醚中，而較不易溶於水中。如果咖啡因飲料是用氫氧化鈉來鹼化，再加入二乙醚來搖晃，大部分的咖啡因游離鹼會溶解到二乙醚中，而飲料的極性成分會留在水層中。
15. 氯化氫會和游離鹼反應形成的咖啡因氯化氫鹽，是水溶性的但不溶於二乙醚。因沒有水，咖啡因氯化氫鹽就自乙醚中沈澱出來成為固體，可以用過濾來收集。
16.

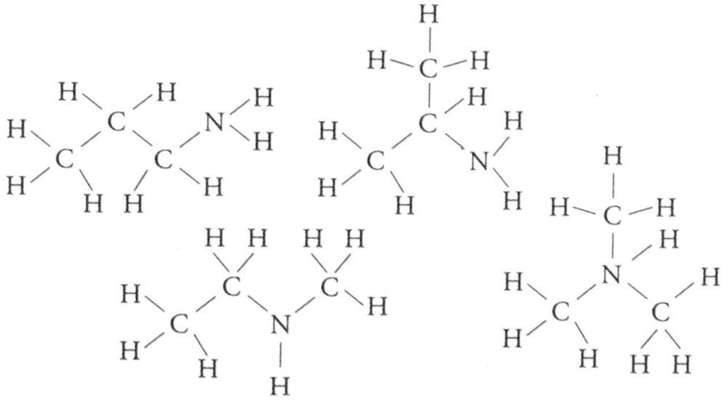

17. 辛酸會和氫氧化鈉作用形成水溶性鹽，因此會溶於水中。但是醛類不是酸，所以不會形成水溶性鹽。

18. 不要讓名字騙了你。要從結構來看它的物理及化學性質，這種生物鹼的分子含有氮，所以帶有鹼性。

19. 不會！ 標示上說它含有苯腎上腺素氯化氫鹽，而不是酸性的氯化氫。這種有機鹽與氯化氫不同，而比較像氯化鈉（食鹽）。氯化鈉可以說是「鈉的氯化氫鹽」。你可以這樣想：假如你有一位表兄叫做喬治，現在你是喬治的表弟，但你絕不是喬治。與此相似的是，苯腎上腺素的氯化氫鹽雖是用氯化氫來製造的，但它不是氯化氫。化學物質有獨特的性質，與形成它的元素或化合物大不相同。

20. 阿斯匹靈的學名爲乙醯水楊酸，這個化合物具有酸性所以會有酸味。

21. 在酸性中，這個分子的氮原子會從溶液中接受氫離子，形成帶正電的離子，如（b）所示；羧酸會保持不變，呈現如（a）所示的結構。相反的，在鹼性下，羧酸會和溶液中的氫氧基反應，形成帶負電的離子，如圖（b）所示；氮原子因爲無法得到氫離子，所以會保持（a）的結構。在中性中，鋞離子和氫氧基離子的濃度都很低，使酸性的羧酸和鹼性的胺基可互相反應，形成帶正電和帶負電的離子，如（b）所示。

22. 在酸性中，（c）的結構最爲可能。這是因爲胺基作用有如鹼，它會和鋞離子反應（在酸性下，鋞離子的數目不少），形成帶正電的氮離子。

23.（官能基分別標示如圖）1.醚 2.醯胺 3.酯 4.醯胺 5.醇 6.醛 7.胺 8.醚 9.酮

24. 聚丙烯含有聚乙烯的主脊，每隔一個碳會伸出一個甲基。這種支鏈干擾了分子的緊密堆疊。因此，聚丙烯沒有聚乙烯來得緊密，即使是低密度聚乙烯也不緊密。
25. 聚丙烯腈燃燒會產生氰化氫。含氯的聚合物包括聚氯乙烯和聚偏二氯乙烯，在燃燒時都會產生氯化氫。
26. 塑膠與其他的可燃垃圾，可以在發電廠燃燒以產生電能。不過燃燒塑膠有時會產生有毒的化學物，例如氰化氫或氯化氫等等。所有的聚合物燃燒時，都會產生二氧化碳，它會促進全球增溫。雖然，有辦法降低這些燃燒廢棄物的排放，不過最好的方法是回收這些塑膠。不要忘記塑膠是由化石燃料做出來的，而天然的資源是有限的。
27. 由長分子串製成的聚合物可能比較黏，因爲長鏈可能自己會糾結在一起。
28. 如果推到源頭，這種能量是從太陽來的。先是植物吸收陽光進行光合作用，植物死亡後在厭氧條件下腐化，轉變成化石燃料。
29. 含氟的聚合物，如鐵氟龍。
30. 副反應即是這個分子的羧酸末端不與旁邊分子的氮原子作用，反而與同一分子的氮原子形成下列的環狀結構：

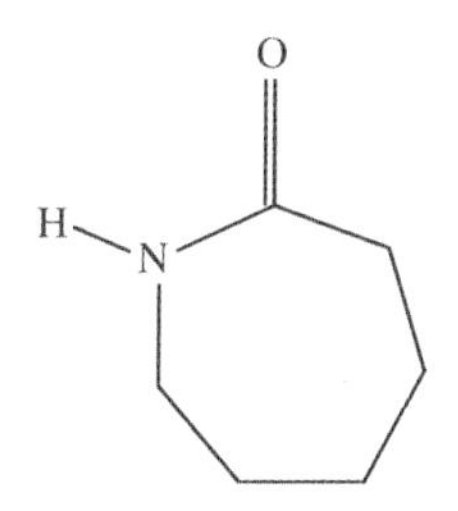

回顧第 9 章，反應物的濃度愈高，反應速率就愈大，因爲兩個反應分子有較大的機會，可以互相碰撞。因此，爲了使羧酸與旁邊分子的氮反應，就要增加旁邊分子的數目，也就是增加單體的濃度。因此聚合反應要在較濃的溶液中進行。

週期表

□ 非金屬元素　綠字元素：固態
□ 金屬元素　橘字元素：液態
□ 兩性元素　藍字元素：氣態

1 — 原子序
氫 — 元素名稱
H — 元素符號
1.008 — 原子量

	1	2	3	4	5	6	7	8	9	10	11	12	13	14	15	16	17	18
週期 1	1 氫 H 1.008																	2 氦 He 4.003
週期 2	3 鋰 Li 6.941	4 鈹 Be 9.012											5 硼 B 10.81	6 碳 C 12.01	7 氮 N 14.01	8 氧 O 16.00	9 氟 F 19.00	10 氖 Ne 20.18
週期 3	11 鈉 Na 22.99	12 鎂 Mg 24.31											13 鋁 Al 26.98	14 矽 Si 28.09	15 磷 P 30.97	16 硫 S 32.07	17 氯 Cl 35.45	18 氬 Ar 39.95
週期 4	19 鉀 K 39.10	20 鈣 Ca 40.08	21 鈧 Sc 44.96	22 鈦 Ti 47.88	23 釩 V 50.94	24 鉻 Cr 52.00	25 錳 Mn 54.94	26 鐵 Fe 55.85	27 鈷 Co 58.93	28 鎳 Ni 58.69	29 銅 Cu 63.55	30 鋅 Zn 65.39	31 鎵 Ga 69.72	32 鍺 Ge 72.59	33 砷 As 74.92	34 硒 Se 78.96	35 溴 Br 79.90	36 氪 Kr 83.80
週期 5	37 銣 Rb 85.47	38 鍶 Sr 87.62	39 釔 Y 88.91	40 鋯 Zr 91.22	41 鈮 Nb 92.91	42 鉬 Mo 95.94	43 鎝 Tc 98.91	44 釕 Ru 101.1	45 銠 Rh 102.9	46 鈀 Pd 106.4	47 銀 Ag 107.9	48 鎘 Cd 112.4	49 銦 In 114.8	50 錫 Sn 118.7	51 銻 Sb 121.8	52 碲 Te 127.6	53 碘 I 126.9	54 氙 Xe 131.3
週期 6	55 銫 Cs 132.9	56 鋇 Ba 137.3	57-71 鑭系元素	72 鉿 Hf 178.5	73 鉭 Ta 180.9	74 鎢 W 183.9	75 錸 Re 186.2	76 鋨 Os 190.2	77 銥 Ir 192.2	78 鉑 Pt 195.1	79 金 Au 197.0	80 汞 Hg 200.6	81 鉈 Tl 204.4	82 鉛 Pb 207.2	83 鉍 Bi 209.0	84 釙 Po (210)	85 砈 At (210)	86 氡 Rn (222)
週期 7	87 鍅 Fr (223)	88 鐳 Ra (226)	89-103 錒系元素	104 鑪 Rf (261)	105 鉳 Db (262)	106 𨭎 Sg (263)	107 𨨏 Bh (262)	108 𨭆 Hs (265)	109 䥑 Mt (267)	110 Uun (269)	111 Uuu (272)	112 Uub (277)						

鑭系元素	57 鑭 La 138.9	58 鈰 Ce 140.1	59 鐠 Pr 104.9	60 釹 Nd 144.2	61 鉕 Pm 144.9	62 釤 Sm 150.4	63 銪 Eu 152.0	64 釓 Gd 157.3	65 鋱 Tb 158.9	66 鏑 Dy 162.5	67 鈥 Ho 164.9	68 鉺 Er 167.3	69 銩 Tm 168.9	70 鐿 Yb 173.0	71 鎦 Lu 175.0
錒系元素	89 錒 Ac (227)	90 釷 Th (232.0)	91 鏷 Pa (231)	92 鈾 U (238)	93 錼 Np (237)	94 鈽 Pu 239.1	95 鋂 Am 243.1	96 鋦 Cm 247.1	97 鉳 Bk 247.1	98 鉲 Cf 252.1	99 鑀 Es 252.1	100 鐨 Fm 257.1	101 鍆 Md 256.1	102 鍩 No 259.1	103 鐒 Lr 260.1

圖片來源

圖 9.18 、圖 9.19 、圖 11.2 、圖 11.11 、圖 12.29 由作者蘇卡奇（John Suchocki）提供

圖 9.14 、圖 10.6 、第 236 頁（4）、第237頁（16）、第239頁（30）、第 240 頁週期表 由邱意惠繪製

圖 9.16 購自富爾特圖庫公司

圖 10.10（a）、（b）陳志強攝

圖 11.10 Ballard Power Systems

第 12. 頁閃電由林志叡攝

除以上圖片來源，其餘繪圖皆取自本書英文原著。

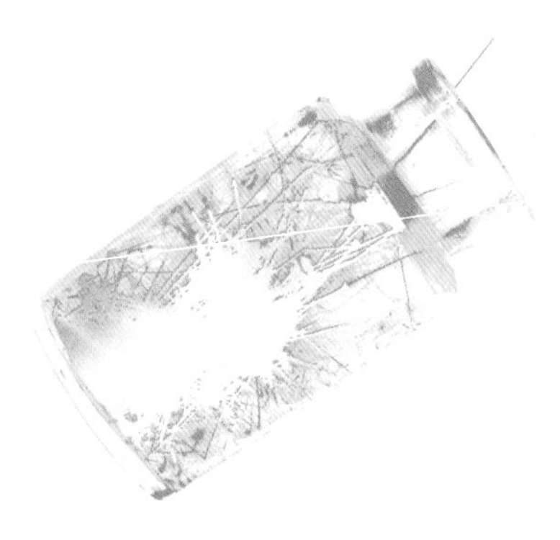

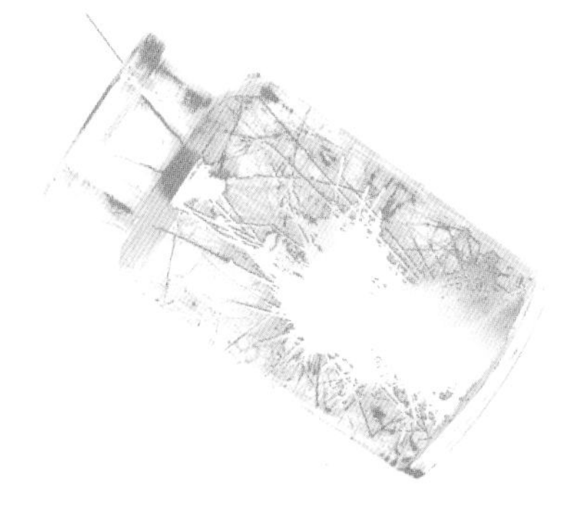

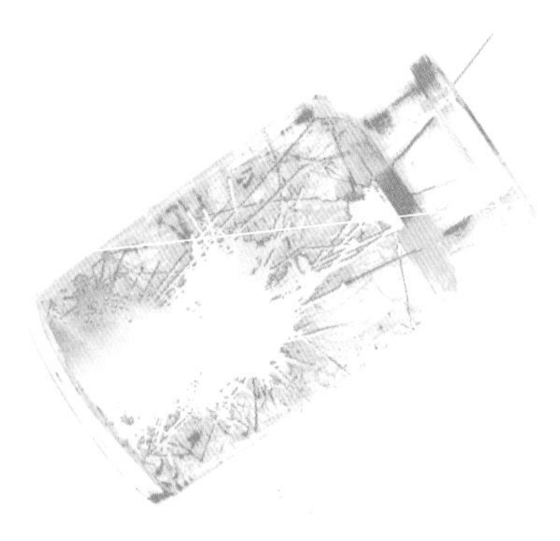

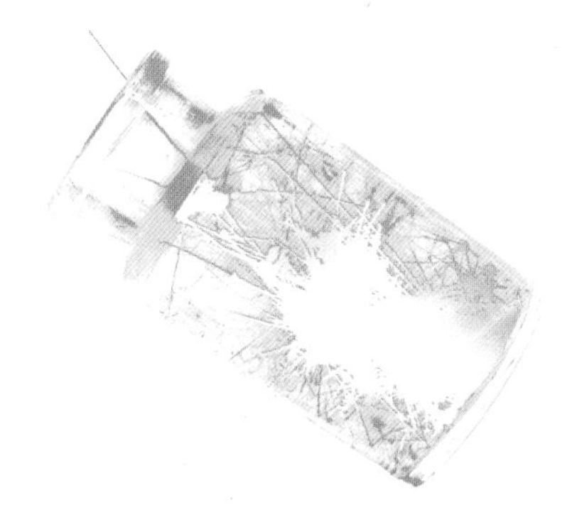

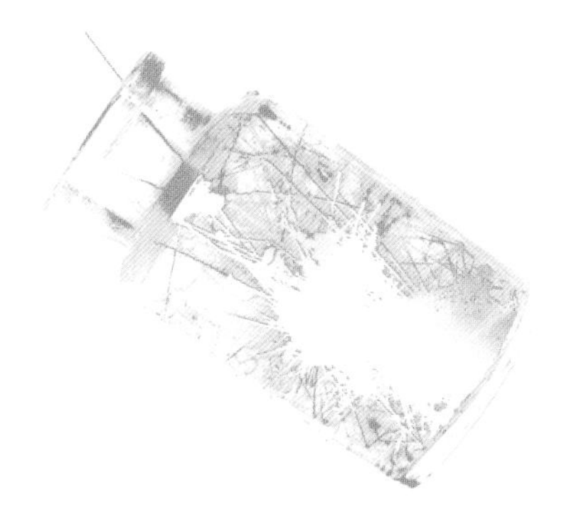

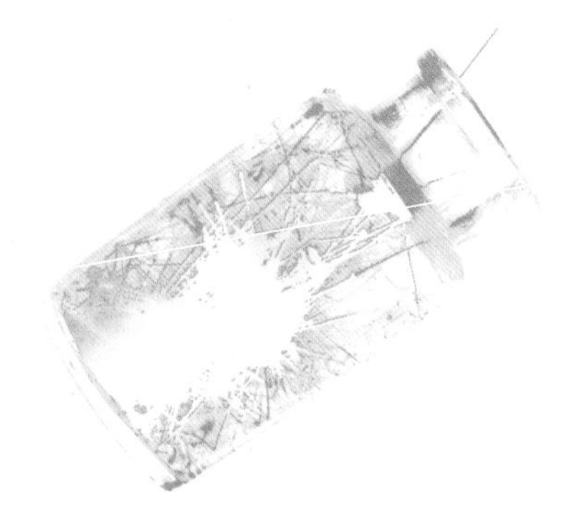

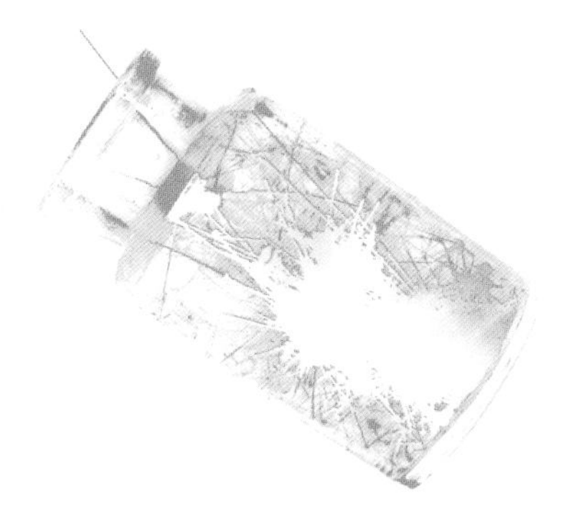

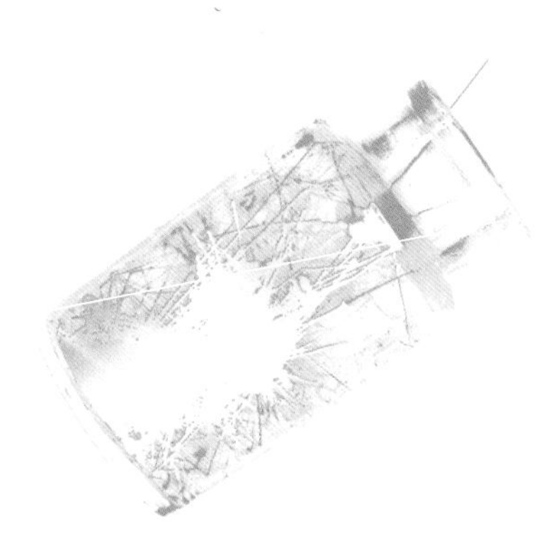

國家圖書館出版品預行編目資料

觀念化學／蘇卡奇（John Suchocki）著；葉偉文等譯.--
第一版. -- 臺北市：天下遠見，2006 [民 95]
冊；　　公分. --（科學天地；85 - 89）
譯自：Conceptual Chemistry : understanding our world of atoms and molecules, 2nd ed.
ISBN 986 - 417 - 676 - 5（第 1 冊：平裝）. --
ISBN 986 - 417 - 677 - 3（第 2 冊：平裝）. --
ISBN 986 - 417 - 678 - 1（第 3 冊：平裝）. --
ISBN 986 - 417 - 679 - X（第 4 冊：平裝）. --
ISBN 986 - 417 - 680 - 3（第 5 冊：平裝）

1. 化學

340　　95006480

觀念化學 III

化學反應

原　　著／蘇卡奇
譯　　者／蔡信行
顧 問 群／林　和、牟中原、李國偉、周成功
系列主編／林榮崧
責任編輯／林文珠、徐仕美
美術編輯暨封面設計／江儀玲

出版者／天下遠見出版股份有限公司
創辦人／高希均、王力行
遠見・天下文化・事業群　董事長／高希均
事業群發行人／CEO／王力行
天下文化編輯部總監／林榮崧
版權暨國際合作開發總監／張茂芸
法律顧問／理律法律事務所陳長文律師　　著作權顧問／魏啓翔律師
社　址／台北市104松江路93巷1號2樓
讀者服務專線／（02）2662-0012　傳真／（02）2662-0007；2662-0009
電子信箱／cwpc@cwgv.com.tw
直接郵撥帳號／1326703-6號 天下遠見出版股份有限公司

電腦排版／極翔企業有限公司
製 版 廠／瑞豐實業股份有限公司
印 刷 廠／東海印刷事業股份有限公司
裝 訂 廠／台興印刷裝訂股份有限公司
登 記 證／局版台業字第2517號
總 經 銷／大和書報圖書股份有限公司　電話／（02）8990-2588
出版日期／2006年5月11日第一版第1次印行
　　　　　2010年1月20日第一版第20次印行

定　　價／400元
原著書名／CONCEPTUAL CHEMISTRY: UNDERSTANDING OUR WORLD OF ATOMS AND MOLECULES

ISBN: 986-417-678-1（英文版ISBN:0805332286）
書號：WS087
BOOK zone 天下文化書坊　http://www.bookzone.com.tw